Matemática Fundamental para Tecnologia

Ricardo Shitsuka
Rabbith Ive Carolina Moreira Shitsuka
Dorlivete Moreira Shitsuka
Caleb David Willy Moreira Shitsuka

Matemática Fundamental para Tecnologia

2ª Edição

DADOS INTERNACIONAIS DE CATALOGAÇÃO NA PUBLICAÇÃO (CIP)
CÂMARA BRASILEIRA DO LIVRO, SP, BRASIL

Matemática fundamental para tecnologia / Ricardo Shitsuka...
[et al.]. -- 2. ed -- São Paulo: Érica, 2014
Outros autores: Rabbith Ive Carolina Moreira Shitsuka,
Dorlivete Moreira Shitsuka, Caleb David
Willy Moreira Shitsuka.

Bibliografia.
ISBN 978-85-365-0235-9

1. Matemática - Estudo e ensino 2. Tecnologia I. Shitsuka,
Ricardo. II. Shitsuka,

13-12184   CDD-519.507

Índices para catálogo sistemático:
1. Matemática para tecnologia: Estudo e ensino 519.507

Copyright© 2014 Saraiva Educação
Todos os direitos reservados.

Av. das Nações Unidas, 7221, 1º Andar, Setor B
Pinheiros – São Paulo – SP – CEP: 05425-902

SAC   0800-0117875
De 2ª a 6ª, das 8h00 às 18h00
www.editorasaraiva.com.br/contato

2ª edição
6ª tiragem 2018

Vice-presidente	Claudio Lensing
Gestora do ensino técnico	Alini Dal Magro
Coordenadora editorial	Rosiane Ap. Marinho Botelho
Editora de aquisições	Rosana Ap. Alves dos Santos
Assistente de aquisições	Mônica Gonçalves Dias
Editoras	Márcia da Cruz Nóboa Leme
	Silvia Campos Ferreira
Assistentes editoriais	Paula Hercy Cardoso Craveiro
	Raquel F. Abranches
Editor de arte	Kleber de Messas
Assistentes de produção	Fabio Augusto Ramos
	Katia Regina
Produção gráfica	Sergio Luiz P. Lopes
Diagramação	Marlene Teresa S. Alves
	Carla de Oliveira Morais
	Adriana Aguiar Santoro
Capa	Maurício S. de França
Impressão e acabamento	Gráfica Paym

Autores e Editora acreditam que todas as informações aqui apresentadas estão corretas e podem ser utilizadas para qualquer fim legal. Entretanto, não existe qualquer garantia, explícita ou implícita, de que o uso de tais informações conduzirá sempre ao resultado desejado. Os nomes de sites e empresas, porventura mencionados, foram utilizados apenas para ilustrar os exemplos, não tendo vínculo nenhum com o livro, não garantindo a sua existência nem divulgação.

A ilustração de capa e algumas imagens de miolo foram retiradas de <www.shutterstock.com>, empresa com a qual se mantém contrato ativo na data de publicação do livro. Outras foram obtidas da Coleção MasterClips/MasterPhotos© da IMSI, 100 Rowland Way, 3rd floor Novato, CA 94945, USA, e do CorelDRAW X6 e X7, Corel Gallery e Corel Corporation Samples. Corel Corporation e seus licenciadores. Todos os direitos reservados.

Todos os esforços foram feitos para creditar devidamente os detentores dos direitos das imagens utilizadas neste livro. Eventuais omissões de crédito e copyright não são intencionais e serão devidamente solucionadas nas próximas edições, bastando que seus proprietários contatem os editores.

Nenhuma parte desta publicação poderá ser reproduzida por qualquer meio ou forma sem a prévia autorização da Saraiva Educação. A violação dos direitos autorais é crime estabelecido na lei nº 9.610/98 e punido pelo artigo 184 do Código Penal.

| CL | 640112 | CAE | 572109 |

Dedicatória

Aos nossos pais, Alicia, Joana e Clitâneo, exemplos de vida, trabalho e perseverança.

Agradecimentos

A Deus pela vida, ensinamentos e saúde que nos concede a cada dia.

A nossos pais e avós, que dedicaram a maior parte da vida a nos colocar no caminho que agora trilhamos.

A todos que cooperaram conosco, no decorrer desses anos, e nos fizeram adquirir a experiência que agora compartilhamos nesta obra.

A vocês, leitores, que são a maior motivação deste projeto.

"Bem-aventurado o homem que acha sabedoria, e o homem que adquire conhecimento."
Provérbios 3:13

Sumário

Capítulo 1 - Grandezas e Números 19
1.1 Grandezas.. 19
1.2 Números... 20
    1.2.1 Importância dos números para os tecnólogos e técnicos 20
    1.2.2 Números naturais 20
    1.2.3 Números inteiros... 21
    1.2.4 Números racionais 21
    1.2.5 Números reais.. 21
    1.2.6 Partes de um número 22
1.3 Unidades de medições... 22
    1.3.1 Unidades de medições de distância 22
    1.3.2 Unidades de medições de peso.. 23
    1.3.3 Unidades de medições de tempo 24
    1.3.4 Trabalho com medidas de distância e unidades 25
1.4 Conversão de unidades 26
    1.4.1 Conversão de metro (símbolo "m") em centímetros (símbolo "cm") 27
    1.4.2 Conversão de metro (símbolo "m") em milímetros (símbolo "mm")... 28
    1.4.3 Conversão de milímetro em metro.................................... 29

Capítulo 2 - Operações com Números 31
2.1 Soma... 31
    2.1.1 Soma de números reais 31
2.2 Subtração... 34
    2.2.1 Subtração de números reais 34
2.3 Multiplicação 36
    2.3.1 Multiplicação de números reais 36
2.4 Divisão... 39
    2.4.1 Divisão de números reais 39
2.5 Potenciação e radiciação... 40
    2.5.1 Potenciação 40
2.6 Radiciação 41
2.7 Comparações lógicas.. 42

Capítulo 3 - Números Binários, Octais e Hexadecimais 44
3.1 Números binários 44
    3.1.1 Conversão da base decimal (base 10) em base binária (base 2) 49
    3.1.2 Conversão da base binária (base 2) em base decimal (base 10) 51
    3.1.3 Soma de números binários (base 2) 52
    3.1.4 Subtração de números binários (base 2) 54
    3.1.5 Multiplicação de números binários (base 2) 55
3.2 Número octal (base 8) 56
    3.2.1 Conversão da base decimal (base 10) na base octal (base 8) 57
    3.2.2 Conversão da base octal (base 8) na base decimal (base 10) 58
    3.2.3 Soma de octais 58
    3.2.4 Subtração de octais 59
3.3 Número hexadecimal (base 16) 60
    3.3.1 Mudança da base decimal (base 10) para a
    base hexadecimal (base 16) 61
    3.3.2 Mudança da base hexadecimal (base 16) para a
    base decimal (base 10) 62
    3.3.3 Soma de hexadecimais 63
    3.3.4 Subtração de hexadecimais 63
3.4 Frações de números binários 65

**Capítulo 4 - Grandezas Proporcionais, Regra de Três e
    Porcentagens** 67
4.1 Grandezas diretamente proporcionais 67
    4.1.1 Regra de três para grandezas diretamente proporcionais 69
4.2 Grandezas inversamente proporcionais 70
    4.2.1 Regra de três para grandezas inversamente proporcionais 71
4.3 O cálculo de porcentagens 73

Capítulo 5 - Juros Simples e Juros Compostos 75
5.1 Juro 75
5.2 Juros simples 76
5.3 Juros compostos 77

Capítulo 6 - Funções e o Plano Cartesiano 80
6.1 Funções 80
    6.1.1 Aplicações de funções 81
6.2 O plano cartesiano 84
    6.2.1 Quadrantes 85

Capítulo 7 - Funções do Primeiro e Segundo Graus 87
7.1 Funções do primeiro grau 87
7.2 Funções do segundo grau...92

Capítulo 8 - Logaritmos 95

**Capítulo 9 - Gráficos, Construção de Gráficos e
 Gráficos Estatísticos** 99
9.1 Gráfico...99
    9.1.1 Construção manual de gráficos..100
    9.1.2 Construção de gráficos com ferramentas computacionais
         e os gráficos estatísticos...101
        9.1.2.1 Tipos de gráficos computacionais/estatísticos...................102
            9.1.2.1.1 Barras 103
            9.1.2.1.2 Coluna 103
            9.1.2.1.3 Setores ou pizzas 103
            9.1.2.1.4 Linhas ou segmentos 104
            9.1.2.1.5 Área 104
            9.1.2.1.6 Rosca 105
            9.1.2.1.7 Cone, cilindro e pirâmide 105
            9.1.2.1.8 Radar 105
            9.1.2.1.9 Bolha 106
            9.1.2.1.10 Dispersão (xy) 106

Capítulo 10 - Limites, Derivadas e Integrais 111
10.1 Limite 111
10.2 Derivada..114
10.3 Integral..116
    10.3.1 Integração por método numérico 117

Capítulo 11 - Matrizes e Determinantes 120
11.1 Propriedade das matrizes..122
    11.1.1 Regra..123
    11.1.2 Inversão de matrizes 124
11.2 Determinantes..125
    11.2.1 Aplicação de determinantes 127
    11.2.2 Cálculo de matriz inversa (M^{-1}) utilizando o determinante 128

Capítulo 12 - Sistemas Lineares 132
12.1 Resolução de sistemas lineares pelo método da eliminação
de Gauss ou método do escalonamento 134
    12.1.1 Condições de resolução de um sistema linear 136
    12.1.2 Aplicação do método do escalonamento na resolução
    de problemas 136

Capítulo 13 - Progressão Aritmética e Progressão Geométrica 140
13.1 Progressão aritmética (PA) 140
13.2 Progressão geométrica (PG) 142

Capítulo 14 - Estatística e Probabilidade 146
14.1 O que é estatística? 146
    14.1.1 Conceitos importantes 148
        14.1.1.1 População 148
        14.1.1.2 Amostra 148
        14.1.1.3 Amostragem 149
            14.1.1.3.1 Técnicas e métodos de amostragem 149
            14.1.1.3.2 Amostragem de conveniência 149
            14.1.1.3.3 Aleatória simples 149
            14.1.1.3.4 Sistemática 150
        14.1.1.4 Dimensionamento do tamanho de amostras (N) 150
    14.1.2 Processamento de dados 150
        14.1.2.1 Aplicação da divisão em classes 150
14.2 Elaboração de tabelas 151
14.3 Medidas de tendência central 152
    14.3.1 Cálculo de médias 152
        14.3.1.1 Média simples 152
        14.3.1.2 Média ponderada 152
    14.3.2 Aplicação da amplitude 153
    14.3.3 Cálculo de moda 153
    14.3.4 Cálculo da mediana 153
    14.3.5 Outras medidas de dispersão 154
14.4 Probabilidade 155
    14.4.1 Curva normal 156
    14.4.2 Curva normal reduzida 158
    14.4.3 Curtose 158

Capítulo 15 - Trigonometria 160
15.1 Arcos e ângulos 160
15.2 Ângulos de triângulos retângulos 161
15.3 Cálculo de áreas de triângulos usando os senos 162

Capítulo 16 - Geometria Plana dos Segmentos e Semelhanças de Figuras 167
16.1 O que é geometria? 167
16.2 Teorema de Tales 169
16.3 Semelhança 171
16.4 Escala 172

Capítulo 17 - Triângulos, Pirâmides e Prismas Triangulares 174
17.1 Triângulo 174
    17.1.1 Classificação dos triângulos 175
        17.1.1.1 Triângulo isósceles 175
        17.1.1.2 Triângulo equilátero 176
        17.1.1.3 Triângulo escaleno 176
        17.1.1.4 Triângulo retângulo 176
        17.1.1.5 Triângulo acutângulo 177
        17.1.1.6 Triângulo obtusângulo 177
        17.1.1.7 Área de um triângulo 178
17.2 Pirâmides 179
17.3 Prisma triangular 180
    17.3.1 Área lateral do prisma 180
    17.3.2 Volume do prisma triangular 180

Capítulo 18 - Quadrado, Retângulo, Cubo e Paralelepípedo ou Prisma Quadrangular 183
18.1 Quadrado 183
    18.1.1 Área do quadrado 184
    18.1.2 Diagonal do quadrado 184
    18.1.3 Apótema do quadrado 185
    18.1.4 Raio do quadrado inscrito na circunferência 185
18.2 Retângulo 186
    18.2.1 Área do retângulo 186
18.3 Cubo 186
    18.3.1 Área do cubo 187
    18.3.2 Volume do cubo 187

18.4 Paralelepípedo 187
    18.4.1 Área do paralelepípedo 187
    18.4.2 Volume do paralelepípedo 188
18.5 Prisma retangular 188

Capítulo 19 - Pentágono e Prismas Pentagonais 191
19.1 Pentágono 191
19.2 Prisma pentagonal 192
    19.2.1 Área lateral do prisma pentagonal 192
    19.2.2 Volume do prisma pentagonal 192

Capítulo 20 - Hexágono e Prismas Hexagonais 194
20.1 Hexágono 194
    20.1.1 Apótema do hexágono 195
    20.1.2 Raio do hexágono 196
20.2 Prisma hexagonal 196
    20.2.1 Área do prisma hexagonal 196

Capítulo 21 - Circunferência, Círculo e Esfera 198
21.1 Circunferência 198
    21.1.1 Área do setor circular 199
    21.1.2 Regra de três 199
21.2 Cilindro 200
21.3 Esfera 200

Apêndice A - Respostas dos Exercícios 203

Bibliografia 245

Índice Remissivo 247

Prefácio

A matemática é uma ciência exata, uma ferramenta para contagem, controle, previsão, raciocínio, simulação e computação. Convivemos com ela todos os dias; está presente a todo tempo nas mais diversas áreas.

Esta obra transmite um conteúdo atual que pode ser assimilado de forma fácil e rápida, por ser de leitura e escrita simples. Aborda grande número de itens relacionados à matemática aplicada, integrados ao cotidiano dos alunos.

Destinado aos alunos de colégios técnicos, cursos de tecnologia e anos iniciais das faculdades.

Desejamos que utilize a matemática de forma agradável e o livro seja um guia para o sucesso!

Os autores

Apresentação

A matemática está presente em tudo na vida cotidiana, como no salário que recebemos mensalmente, nas mensalidades que pagamos, nos cálculos de eletricidade, nos litros de gasolina que colocamos no tanque de combustível do carro, nos quilômetros rodados e no consumo de gasolina em quilômetros por litros, no orçamento de cabos que utilizamos para instalação de uma rede de computadores, no cálculo de áreas onde vão ser instalados equipamentos de Tecnologia de Informação, no cálculo da quantidade de mídia necessária para fazer backup[I], no cálculo de tempo de download[II] e upload[III] de arquivos, no dimensionamento de cabos a serem instalados num eletroduto, no dimensionamento da quantidade de pontos de redes, no dimensionamento de equipamentos ativos de redes (switches[IV], roteadores etc.) e também passivos (patch panels[V], conectores, cabos...), nos cálculos de zona de Fresnel para equipamentos de telecomunicações etc.

O mundo é feito de matemática e números, os quais muitas vezes apresentam padrões, lógica, tendências e previsibilidade. Podemos controlar aquilo que podemos medir. A partir disso é possível até prever. Isso significa enxergar o futuro, o que vai acontecer pelo menos em termos de valores numéricos. Se ele é previsível, a matemática ajuda a desvendá-lo.

Quanto vale o futuro para você? Por exemplo, pode-se prever o comportamento das ações na Bolsa de Valores, o aumento do nível das águas do mar nos próximos 50 anos, a expectativa de longevidade do brasileiro nos próximos 50 anos, o crescimento ou diminuição da renda do brasileiro nos próximos anos etc. Então, vamos nos apossar do conhecimento? Vamos estudar essa ferramenta maravilhosa que é a matemática? Vamos fazer com que ela nos ajude a ganhar mais? Se sua resposta é positiva, mãos à obra!

É preciso que as pessoas que estudam tecnologia, no mínimo, possuam esses conhecimentos para desempenharem seus papéis no cotidiano profissional.

O conhecimento, a habilidade e a competência na aplicação da matemática no cotidiano fornecem aos tecnólogos e técnicos uma vantagem competitiva na tomada de decisões.

[I] Backup é cópia de segurança.
[II] Download é baixar arquivos de Internet.
[III] Upload é enviar arquivos pela Internet.
[IV] Switch é um dispositivo de rede de computadores que permite a ligação de vários computadores.
[V] Patch panels são organizadores de cabeamento e que protegem dispositivos mais nobres como o switch.

Os cursos de Tecnologia, como, por exemplo, da Informação e Tecnologia em Redes são de nível superior de duração relativamente curta, por este motivo as pessoas que ingressam nesses cursos necessitam de uma formação mais direcionada às áreas nas quais vão atuar.

Esta obra também pode ser utilizada, em algum momento ou em vários, em cursos superiores de Engenharia, Ciência da Computação e cursos técnicos com a finalidade de trabalhar de modo mais rápido a matemática tão necessária para o desenvolvimento profissional.

Não pretende ser um compêndio de matemática, mas uma obra que vá ao encontro das necessidades iniciais da formação de uma mentalidade matemática e sua importância aos leitores.

É preciso que os alunos e professores entendam que o conhecimento trabalhado neste livro é o passo inicial importante e necessita de estímulos. As pessoas interessadas devem prosseguir nos estudos e em busca de conhecimento tanto da matemática quanto de áreas tecnológicas que a utilizam.

A segunda edição considera os avanços da tecnologia de informação e da ciência, incluindo melhorias na matemática binária e nas noções do dimensionamento de amostra estatística, importantes para a vida moderna.

Obrigado e boa leitura!

Os autores

Sobre os autores

Ricardo Shitsuka

- Doutor em Ensino de Ciências e Matemática da Universidade Cruzeiro do Sul (Unicsul), São Paulo-SP.
- Mestrado em Engenharia Metalúrgica e de Materiais pela Escola Politécnica da Universidade de São Paulo (EP-USP).
- Pós-Graduação *lato sensu* em Design Instrucional para EAD pela Universidade Federal de Itajubá-MG (Unifei).
- Pós-graduado no Master em Tecnologias Educacionais pela Fundação Armando Álvares Penteado (FAAP), São Paulo-SP.
- Pós-graduado especialista em Informática Educacional pela Universidade Federal de Lavras-MG (UFLA).
- Pós-graduado especialista em e-Business pela Faculdade Senac, São Paulo-SP.
- Pós-graduado especialista em Redes de Computação pela UFLA.
- Pós-graduado especialista em Administração em Sistemas de Informação pela UFLA.
- Pós-graduado em Design Instrucional para EAD pela Unifei.
- Pós-graduado em Engenharia Industrial pela Association for Overseas Technical Scholarship (AOTS), Japão.
- Graduado em Engenharia Metalúrgica pela EP-USP.
- Graduado em Odontologia pela Faculdade de Odontologia da Universidade de São Paulo (FO-USP).
- Graduado em Computação pelo Centro Universitário Claretiano (Ceuclar).
- Graduando em Licenciatura em Pedagogia pelo Ceuclar.
- Técnico em Eletrônica pelo Instituto Monitor.
- Atuou como coordenador de cursos superiores de Tecnologia. Atualmente, é professor-adjunto na Unifei - campus Itabira-MG.
- É tutor de EAD no PIGEAD/LANTE/UFF.

Rabbith Ive Carolina Moreira Shitsuka

- Mestre pela Unicsul e pós-graduada em Especialização em Design Instrucional pela Unifei.
- Graduada em Comunicação Social (Publicidade) pela Universidade Presbiteriana Mackenzie (UPM), São Paulo-SP.
- Graduada em Odontologia pela Universidade Nove de Julho (Uninove), São Paulo-SP.

- Graduada em Moda pela FAAP.
- Atua como professora universitária em cursos superiores de Tecnologia.
- Ex-diretora de esportes da Faculdade de Comunicação Social da UPM.
- Enxadrista, é bicampeã brasileira e pentacampeã paulista.
- Tutora de EAD no PIGEAD/LANTE/UFF.

Dorlivete Moreira Shitsuka

- Mestre em Ensino de Ciências e Matemática da Unicsul.
- Pós-graduada especialista *lato sensu* em Informática em Educação pela UFLA.
- Pós-graduada especialista *lato sensu* em Redes de Computadores pela UFLA.
- Pós-graduada especialista *lato sensu* em Administração de Sistemas de Informação pela UFLA.
- Graduada em Licenciatura em Computação pelo Ceuclar.
- Graduada em Biblioteconomia e Documentação pela Universidade Federal do Espírito Santo (UFES).
- Graduanda em Licenciatura em Pedagogia pelo Ceuclar.
- Atua como professora universitária em cursos superiores de bacharelado e tecnologia nas áreas de Exatas, Informática, Tecnologia de Informação (TI) e Redes de Computadores.
- É tutora de EAD no PIGEAD/LANTE/UFF.
- É tutora de EAD no polo de São Paulo do Ceuclar.
- Certificada FCP em Redes de Cabeamento Estruturado - Furukawa do Brasil.
- Certificada DCSP em Redes de Computadores - Domínio Tecnologia.

Caleb David Willy Moreira Shitsuka

- Doutorando em Odontologia na USP.
- Mestre em Odontologia pela Unicsul.
- Graduado em Odontologia pela Uninove.
- Atua como professor.
- Enxadrista.

Grandezas e Números

"Aprender a medir; acostumar-se a medir é fundamental para o sucesso. Quando um fenômeno qualquer é corretamente medido, é sempre mais fácil tomar decisões a respeito dele."

Luiz Martins[1]

Desde a Antiguidade os pastores usavam pedras, pedrinhas ou contas para ajudar a contabilizar suas ovelhas. Cada pedrinha correspondia a um animal.

Mas a humanidade sempre precisou, precisa e precisará realizar contagens ou medições, como é o caso do número de pessoas numa cidade, quantas pessoas estão em idade escolar, qual a velocidade de um carro, qual a distância entre São Paulo e Rio de Janeiro...

1.1 Grandezas

Para realizar contagens e medições, surgiu o termo "grandeza".

Grandeza é qualquer coisa que possa ser medida, como é o caso de tempo, dinheiro, distância, largura, altura, peso, velocidade, nota de prova etc.

---

[1] MARTINS, Luiz. A importância de medir. Website Anthropos Consulting. Disponível em: http://www.anthropos.com.br/index.php?option=com_content&task=view&id=319&Itemid=53, visitado em 10 jan. 2009.

Questão para pensar: você conhece alguma coisa que não possa ser medida e, portanto, não é grandeza?

Resposta: Felicidade, dor, amor, coragem, perseverança etc.

Para medir uma grandeza, ao longo dos séculos, matemáticos criaram números, escalas,[2] valores e operações com eles. Além disso, as grandezas precisavam de unidades. Nos itens seguintes estudaremos os números e as unidades para representar as grandezas.

1.2 Números

"Matemática aplicada é o ramo da matemática que opera com grandezas mensuráveis do mundo físico, bem como com dados quantitativos referentes a fatos (sociais, econômicos), e que leva em conta a noção de movimento."[3]

Número é uma representação abstrata de uma quantidade ou valor.

Abstrato quer dizer que tiramos tudo que não é essencial e deixamos só o que é importante no momento para compreensão de alguma coisa.

1.2.1 Importância dos números para os tecnólogos e técnicos

Atualmente, um tecnólogo ou técnico que vai fazer o estudo de instalação de uma rede de computadores precisa realizar medições dos locais em que ela será instalada. Da mesma forma, um tecnólogo que vai dimensionar a mídia para armazenar um backup. E também um tecnólogo que vai compor a carga de um contêiner com caixas, de diversos tamanhos, precisa possuir um bom conhecimento de matemática, além do "bom senso" para otimizar os melhores valores e obter economia e lucro no negócio.

Existem vários tipos de números e abordaremos na sequência os naturais, inteiros, racionais e reais.

1.2.2 Números naturais

Representam coisas que existem na natureza.

São representações simples. Exemplo: 1 homem, 3 pássaros, 10 baleias, 5 montanhas, 10 coqueiros, 9 dedos etc.

---

[2] Escala é um método de ordenação de grandezas para que se possa realizar a comparação entre valores.
[3] Definição de matemática aplicada segundo o Dicionário Houaiss.

1.2.3 Números inteiros

Representam coisas inteiras.

Podem ser positivas ou negativas e o zero. Contêm os números naturais que são positivos e também outros números negativos. Exemplo: –3 °C (menos três graus centígrados), bebi um refrigerante com "zero caloria", tiramos nota 10 nos exercícios etc. Note que não há valores menores que a unidade, ou seja, um exemplo de número não natural e não inteiro é 0,5 (zero vírgula cinco, que equivale a meio), ou, por exemplo, um fio de cabelo tem 0,03 mm. Este 0,03 mm não é um número inteiro nem natural, pois é bem menor que 1, que é a unidade ou inteiro.

1.2.4 Números racionais

Representam uma divisão entre dois números inteiros: a, b e b diferente de zero.

Também são chamados de números fracionários. Exemplo: ½ = meio, ou 0,5; ¼ = um quarto, ou 0,25 ou 25%.

É interessante mencionar que os números racionais possuem uma contrapartida de números irracionais. Estes são números que não possuem valores exatos, isto é, não terminam e, normalmente, para usá-los, arredonda-se algum número de casas depois da vírgula. Exemplo: Pi = 3,141516...; no cotidiano, arredondamos o valor de Pi para 3,14. Outro exemplo é raiz quadrada de dois, que arredondamos para 1,41 etc.

1.2.5 Números reais

Representam o conjunto de números naturais, inteiros, racionais e irracionais.

É o conjunto de números mais utilizado no cotidiano para representar as grandezas.

A maior parte das grandezas precisa ser representada por números reais, pois nem sempre existem valores inteiros nas grandezas.

Existem também os números complexos que não são reais, e são utilizados para representar coisas não pensáveis, normalmente, como é o caso de raízes quadradas de números negativos, mas este item não é abordado nesta obra, que se *destina* ao uso mais prático.

1.2.6 Partes de um número

Observe o número seguinte e a identificação de cada casa decimal:

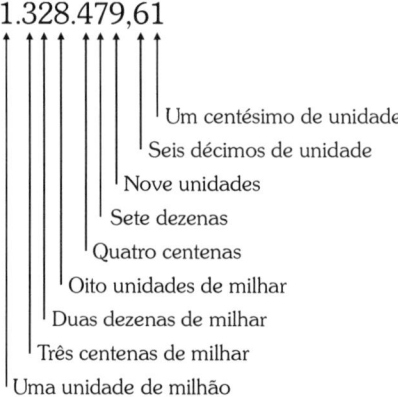

Figura 1.1

Agora, na leitura, este número deve ser: hum milhão, trezentos e vinte e oito mil, quatrocentos e setenta e nove, vírgula sessenta e um.

1.3 Unidades de medições

1.3.1 Unidades de medições de distância

Normalmente as unidades de medição de distância são em metros e seus múltiplos. Unidades de mercado:

- Micrômetros
- Milímetros
- Centímetros
- Metros
- Quilômetros

Observação
Existem unidades inglesas que também são muito utilizadas nos países de língua inglesa, como é o caso de polegada[4] e pés[5]. É preciso saber a conversão dessas unidades nas comumente usadas em nosso país.

---

[4] Polegada é uma unidade de medida inglesa. Cada polegada vale 2,54cm.
[5] Pé equivale a 12 polegadas e vale 30,48cm.

1.3.2 Unidades de medições de massa

Normalmente as unidades de medições de massa são em quilogramas e seus múltiplos mais comumente utilizados são:

- Picograma[6]
- Micrograma
- Miligrama
- Grama
- Quilograma
- Tonelada

Exercícios propostos

1. Num contêiner foram carregadas 3,75 t de mercadoria. Qual o peso em quilograma?
2. O peso de um *switch* em gramas é 2.329 g. Qual o peso em quilograma?
3. O peso de um contêiner *standard* é 26.930 kg. Qual o peso em tonelada?
4. Um notebook possui aproximadamente 1.150 g. Qual o peso em quilograma?
5. Um roteador wireless possui 800 g de peso e a embalagem possui mais 250 g. João quer comprar 20 roteadores e vai transportar na moto. Quantos quilogramas João vai transportar?
6. Um aparelho de solda a laser por pontos é utilizado principalmente no preenchimento de ouro e ornamentos de prata, soldadura de pontos de abscesso, reparação de juntas etc. Ele possui 0,225 t. Qual o peso em quilograma?
7. Um anel de noivado tem 23,5 quilates (cada quilate = 0,2 g). Qual o peso em quilograma?
8. Um testador de cabos modelo 500 GHI pesa aproximadamente 120 g e a embalagem cerca de 80 g. Vamos importar 400 testadores. Qual o peso em quilograma?
9. Uma impressora laser a cores CLP-300 pesa 14 kg. Quanto é esse valor em miligramas?

---

[6] Picograma é uma unidade muito pequena, que vale: **0,000**.000.000.001 g.

10. Um cartucho de tinta de impressora pesa cerca de 25 g, quando vazio. Pediu-se para você carregar 165 cartuchos vazios. Quantos quilogramas você carregará? Perguntaram se você precisa de um carrinho. Qual a resposta?

1.3.3 Unidades de medições de tempo

Normalmente as unidades de medição de tempo são em minutos e seus múltiplos mais comumente utilizados são:

- Microssegundos
- Milissegundos
- Segundos
- Minutos
- Horas
- Dia
- Mês
- Ano

Exercícios propostos

1. Para fazer o cabeamento de redes numa escola, os instaladores informaram que gastariam 1.860 minutos. Quantas horas consumirão na instalação?

2. Num download de arquivo, gastaram-se 18 minutos. Quantas horas se gastaram?

3. O tempo porta a porta, tempo total de transporte desde a fábrica até o destino final da mercadoria, foi de 7.200 minutos. Quantos dias demorou?

4. Uma camcorder (câmera de gravação de imagens de segurança) que vem com um HD de 60 GB, tempo de gravação MODO = HQ, grava aproximadamente 50.400 s. Quantas horas pode gravar?

5. O tempo gasto para formatar o HD (NTFS MODO NORMAL) é 3.600 s. Qual o tempo em horas?

6. A vinda da encomenda de um equipamento do exterior gastou 5.184.000 s. Quantos dias gastou?

7. Uma transmissão de dados gastou 3.600.000 ms (milissegundos). Quanto tempo gastou em horas?

8. Para descarregar um contêiner foram gastos 15 minutos. Quanto tempo se gastou em horas?

9. Uma transmissão leva 15 s para ser feita e são necessárias 542 transmissões do mesmo tamanho e com as mesmas características. Quantos minutos vai demorar a transmissão?

10. Quanto vai demorar a transmissão do exercício anterior em horas?

1.3.4 Trabalho com medidas de distância e unidades

Escrever valores por extenso

A primeira coisa a fazer é ler por extenso alguns valores. Veja os exemplos resolvidos a seguir:

- 153 km = cento e cinquenta e três quilômetros.
- 0,45 g = zero unidade e quarenta e cinco centésimos ou, popularmente, zero vírgula quarenta e cinco gramas.
- 1.279 s = hum mil, duzentos e setenta e nove segundos.

Exercícios propostos

1. Um cabo de rede estruturada não pode passar da distância de 90 m.

2. É preciso perfurar o piso entre o terceiro e o segundo pavimentos. A sua espessura é de 0,37 m.

3. O sinal de rádio dessa rede pode alcançar 35.421 m.

4. O componente do computador possui uma espessura de 0,008 m.

5. O cabo óptico de monomodo que utilizamos pode alcançar 40.000 m sem o uso de repetidor.

6. Precisamos de um pequeno cabo de 0,33 m para ligar o *switch* ao *patch panel*.

7. Um cabeamento óptico foi lançado entre duas unidades da empresa, que fica na área rural, e a distância entre as unidades foi estimada em 35.416 m.

8. A espessura do circuito integrado é de 0,00021 m.

9. A distância entre a Sala de Entrada de Telecomunicações (SET)[7] e a Sala de Equipamentos (SEQ),[8] num edifício, é de 28,37 m.

10. Vamos fazer um lançamento de cabos nessa eletrocalha por 5,67 m até chegarmos ao Armário de Telecomunicações (AT).[9]

1.4 Conversão de unidades

a) Metro em centímetros: multiplicar o valor em metros por 100 (cem, ou dois zeros após o 1).

Por exemplo, 3 m convertidos em centímetros = 3 × 100 cm = 300 cm, pois cada metro tem 100 cm, logo 3 m terão 300 cm.

b) Metro em milímetros: multiplicar o valor em metros por 1.000 (um mil, ou três zeros após o 1).

Por exemplo, 0,5 m (meio metro) convertido em milímetros (mm) = 0,5 × 1.000 = 500 mm.

c) Metro em micrômetros ou mícrons: multiplicar o valor em metros por 1.000.000 (um milhão, ou seis zeros após o 1).

Por exemplo, 0,001 m (que é a milésima parte de um metro, ou seja, um milímetro) convertido em mícrons = 0,001 × 1,000,000 = 1.000 mícrons.

d) Centímetros em milímetros: multiplicar o valor em centímetros por 10.

Por exemplo, 3,5 cm convertidos em milímetros = 3,5 × 10 = 35 mm.

e) Quilômetro (km) em metro (m): multiplicar o valor em quilômetros por mil.

Metro em quilômetro: dividir o valor em metros por mil, para chegar ao valor em quilômetros.

Por exemplo, 500 m convertidos em quilômetros = 500/1.000 = 0,5 km

f) Centímetros em metro: dividir o valor em centímetros por cem, para chegar ao valor em metros.

Por exemplo, 50 cm em metro = 50/100 = 0,5 m.

---

[7] Sala de Telecomunicações (SET); num sistema de cabeamento estruturado (SCE) é a sala que recebe cabeamento externo.
[8] Sala de Equipamentos (SEQ); num SCE é a sala onde ficam os servidores de uma rede de computadores.
[9] É um armário fechado com chave, de uma instalação de SCE, que serve para guardar *switches* ou *hubs* ativos.

g) Milímetros em metro: dividir o valor em milímetros por mil para chegar ao valor em metro.

Por exemplo, 3.000 mm convertidos em metro = 3.000/1.000 = 3 m.

h) Mícrons em metro: dividir o valor em mícrons por um milhão para chegar ao valor em metros.

Por exemplo, 300 mícrons em metro = 300/1.000.000 = 0,000.3 m.

1.4.1 Conversão de metro (símbolo "m") em centímetros (símbolo "cm")

Para converter um valor em metros no mesmo valor em centímetros, multiplica-se por 100:

- Uma pessoa que possui 1,72 m terá, em centímetros, 1,723 × 100 = 172 cm.
- Um cabo de 85,3 m terá, em centímetros, 85,3 × 100 = 853 cm.
- Uma mesa com altura de 0,9 m terá, em centímetros, 0,9 × 100 = 90 cm.

Exercícios propostos

1. O comprimento de uma folha A4 é 0,297 mm. Quanto vale em centímetros?

2. Um circuito integrado possui uma espessura de 0,00033 m. Qual a sua espessura em centímetros?

3. Uma antena de celular será instalada a 31,45 m de um centro de saúde. Quanto será em centímetros?

4. O comprimento de onda do dispositivo transmissor para o cabo óptico era de 0,000.000.850 m. Qual o comprimento em centímetros?

5. A medida em polegadas de um monitor ou televisor é pega pela diagonal do retângulo da tela. Um monitor de 19 polegadas possui 0,4826 m. Quantos centímetros possui essa tela?

6. Vamos utilizar um piso elevado para passar o cabeamento de rede no chão. A elevação será de 0,25 m. Quanto será em centímetros?

7. Numa instalação precisamos utilizar 239 m de eletrocalha. A quantos centímetros isso equivale?

8. Um *patch cord*[10] possui 2,31 m. Quantos centímetros possuirá?

9. O raio de cobertura de uma estação de rádio base é de 2.536 m. Qual será o diâmetro (dobro do raio) em centímetro?

10. A espessura de um chip é de 0,000.000.250 m. Qual a espessura em centímetros?

1.4.2 Conversão de metro (símbolo "m") em milímetros (símbolo "mm")

A conversão de metros em milímetros exige que se faça uma multiplicação por mil. Desta forma, veja os exemplos seguintes:

Exemplo 1

Um conector possui um comprimento de 0,015 m. Qual seu comprimento em milímetros (mm)?

Resolução

$$0{,}015 \times 1.000 = 15 \text{ mm}$$

Exemplo 2

Um *patch cable*[11] possui 1,63 m. Qual seu comprimento em milímetros?

Resolução

$$1{,}63 \times 1.000 = 1.630 \text{ mm}$$

Exemplo 3

Um link de infravermelho[12] com visada direta entre dois equipamentos vai operar a uma distância de 6,7 m. Quantos milímetros os equipamentos estão distantes?

Resolução

$$6{,}7 \times 1.000 = 6.700 \text{ mm}$$

---

[10] Cabo de pequena extensão, que é utilizado para conexão entre dois componentes próximos, principalmente usado em *patch panel* para organizar as conexões.
[11] *Patch cable* é um cabo curto usado para ligar qualquer dispositivo a um ponto de rede.
[12] Infravermelho é um tipo de radiação eletromagnética usado em redes particulares, conexão de computadores ou equipamentos.

Exercício proposto

Refaça os exercícios de 1 a 10 anteriores, porém convertendo de metros em milímetros em vez de centímetros.

1.4.3 Conversão de milímetro em metro

Muitas vezes é necessário fazer a conversão inversa de milímetro em metro. Ela é feita dividindo o milímetro por mil, pois um metro possui mil milímetros.

Exercícios propostos de conversão de milímetro em metro

1. Numa instalação de rede, a distância entre o aterramento principal e o secundário é de 5.340 mm. Qual a distância em metros?

2. Encomendou-se um cabo de rede CAT6 com conectores metálicos de 17.328 mm para ser fabricado na Furukawa.[13] Qual o comprimento em metros?

3. Um trecho de rede foi especificado como possuindo 332 cm, mais 3,42 m e mais 3.663 mm. Qual é o comprimento em metros?

4. Numa rede de cabo coaxial 10Base2,[14] a distância entre as estações da rede pode ser no máximo de 195.000 mm. Qual a distância máxima em metros?

5. O comprimento externo de um contêiner[15] *standard* (de 20 pés) para carga não perecível é 6,058 m e o comprimento interno 5.91 cm. Qual a diferença entre o comprimento externo e o interno em milímetro?

6. Um contêiner *standard* (de 40 pés) para carga perecível possui um comprimento interno de 12.044 mm e externo de 12.192 mm. Quais as dimensões em metro?

7. A altura externa de um contêiner *standard* é de 2.591 mm. Vamos considerar um empilhamento de três contêineres. Que altura em metros se alcançará? Esses contêineres podem ser empilhados num galpão com pé direito de 7,5 m?

---

[13] Furukawa - empresa fabricante de cabos de redes e de energia de alta qualidade.
[14] Cabo coaxial 10Base2 é um tipo de cabeamento que já foi muito utilizado no início da era das redes de computadores na década de 1990. Atualmente é pouco utilizado.
[15] Contêiner é um recipiente usado para transportar mercadoria. Pode ser de madeira ou aço. Pode ser transportado por caminhão ou navio e armazenado em pátios ou armazéns.

8. Uma tela de televisor possui um tamanho de 42 polegadas. Sabendo que essa medida é na diagonal da tela e que cada polegada vale 2,54 cm, qual o tamanho da tela em metros?

9. Na instalação de cabeamento[16] de rede metálico estruturado em um piso elevado de 151 mm. Qual a elevação em metros?

10. Um balcão vitrine de loja possui altura de 1.020 mm e comprimento de 1.240 mm. Quais são os valores em metros?

11. A linha da circunferência do planeta Terra, tomada na região do equador, é de 40.000.000.000 mm (quarenta bilhões de milímetros). Um carro andou 120.000.000 m (cento e vinte milhões de metros). Quantas voltas ele teria rodado se fosse possível viajar pela linha imaginária da circunferência do equador (não se esqueça de ajustar as unidades de medida)?

---

[16] Cabeamento é o conjunto de cabos que formam a infraestrutura de meios de comunicação de uma rede de computadores.

Operações com Números

"O que soma junta, e o que subtrai tira fora."

Autor anônimo

As operações simples são soma, subtração, produto e divisão, e a elas acrescentamos a potenciação, a radiciação e as comparações lógicas.

2.1 Soma

2.1.1 Soma de números reais

Somar significa juntar.

As somas possuem componentes que são as parcelas e o resultado.

Para somar números, deve-se respeitar as unidades, dezenas, centenas e também as frações depois da vírgula (ou abaixo de zero). Vamos ver os exemplos:

1. Soma de duas parcelas: $1.527 + 91 = ?$

Observe a representação da mesma operação, mas de modo mais visual:

$$\begin{array}{r} \overset{1}{1.527} \\ 91 + \\ \hline 1.618 \end{array}$$

Para chegar ao resultado, somamos as unidades dos dois números: 7 + 1 que deu 8. A seguir, somamos as dezenas: 2 + 9.

A soma dá 11, que é acima de 10, por este motivo fica o 1 da casa das unidades embaixo e sobe 1 da casa das dezenas.

Este 1 que subiu soma com 5 e dá o resultado 6, que vai para baixo após a linha para compor o número resultante.

Por final o 1, do número 1.527, não soma com nada, apenas desce abaixo da linha, fornecendo o resultado final 1.618. Logo, 1.527 + 91 = 1.618.

2. Soma de três parcelas, mas algumas com números fracionários, isto é, depois da vírgula da unidade: 219 + 1,33 + 25,457 = ?

É necessário alinhar as parcelas conforme as unidades, dezenas etc. Vamos representar a mesma operação numa forma mais visual. Acompanhe:

$$\begin{array}{r} \overset{1}{219} \\ 1,33 \\ 25,457 + \\ \hline 245,787 \end{array}$$

7 milésimos de unidade não somam com nada, pois não há outro número nesta casa.

8 é o resultado da soma de 5 centésimos com 3 centésimos de unidade.

7 décimos de unidade é soma de 4 décimos com 3 décimos.

5 unidades é soma de 5 + 1 + 9, que fornece 15. Fica o 5 no resultado e sobe 1 para a dezena.

4 dezenas é soma de 2 + 1 + 1 = 4. Note que a última parcela 1 desta soma é resultante do 1 que subiu anteriormente e deixou 5 na dezena.

2 centenas está isolado, portanto desce para o resultado.

O resultado final da soma das três parcelas é **245,787**; em outras palavras:

219 + 1,33 + 25,457 = 245,787

Exercícios de fixação de adição

1. Numa rede de computadores havia três placas de rede num servidor, duas placas de rede noutro servidor, quatro placas de rede num terceiro servidor e uma placa no quarto servidor. Qual o total de placas de rede nos servidores?

2. Compramos 15 HDs na loja 1, 26 HDs na loja 2, 41 HDs na loja 3 e 7 HDs na loja 4. Qual o total de HDs comprado?

3. Numa instalação de redes de computadores, dimensionaram-se os seguintes comprimentos de cabo UTP, par trançado metálico:

a) um trecho com 45 m

b) um trecho com 23 m

c) um trecho com 12 m e outro com 5 m

Qual o comprimento total dos fios somados?

4. É preciso colocar três arquivos já comprimidos num CD de 650 MBytes. O primeiro arquivo possui 128 MBytes, o segundo 249 MBytes e o terceiro 236 MBytes. Será que caberá ou não?

5. Num curso de Tecnologia de Informação havia 49 alunos no primeiro semestre, 46 no segundo semestre, 41 no terceiro semestre, 38 no quarto semestre e 37 no quinto semestre. Quantos alunos havia no curso?

6. Numa instalação de cabeamento estruturado metálico estimou-se que seriam necessários os seguintes trechos de cabeamento:

a) 28,3 m

b) 9,7 m

c) 8 m

d) 9,8 m

e) 66,6 m

Qual a soma dos comprimentos dos cabos?

7. Um switch possui 22 portas livres e outras para o cascateamento. Outro switch ligado ao primeiro possui 46 portas livres, um terceiro possui um total de 41 portas boas e um quarto possui 9 portas livres. Quantos micros pode ter a rede de computadores com esses dispositivos e o servidor com uma única placa de rede?

8. No pagamento de programadores, um gerente de projetos de software precisou desembolsar um valor mensal: programador 1 (R$ 9.628,42), programador 2 (R$ 15.499,15), programador 3 (R$ 6.397,12), programador 4 (R$ 12.233,00) e programador 5 (R$ 4.999,96). Qual o valor total a ser pago de massa salarial mensal aos programadores?

9. Um pen drive de 16 GBytes recebe os seguintes arquivos já compactados:

a) 2,45 GBytes

b) 8,65 GBytes

c) 3,29 GBytes

d) 6,33 GBytes

e) 1,29 GByte

f) 0,48 GByte

g) 3,59 GBytes

Será que todos caberão no pen drive? Por quê?

10. Será que os arquivos seguintes já comprimidos cabem num disquete de 1,44 MByte?

a) carta de 0,35 MByte

b) planilha eletrônica de 0,45 MByte, apresentação de 0,4 MByte, figura de 0,38 MByte

Qual a solução?

2.2 Subtração

2.2.1 Subtração de números reais

Subtrair significa tirar ou fazer conta de menos.

As subtrações devem ser feitas com dois números de cada vez. O primeiro é o minuendo, o segundo o subtraendo e o terceiro é chamado de resto ou diferença. Veja o exemplo seguinte:

Minuendo 67
Subtraendo 15 −
Resto 52

Para somar números, é preciso respeitar as unidades, dezenas, centenas e também as frações depois da vírgula (ou abaixo de zero). Vamos ver os exemplos:

1. Subtração de: 1.527 − 91 = ?

Vamos representar esta mesma operação, em outra forma, mais visual:

```
    4 12
  1.527
     91 -
  1.436
```
↑↑↑↑
│││└ 6 é o resultado de 7 menos 1.
││└ Tirar 9 de 2 seria impossível. Para que fique viável, emprestam-se 10 do 5 (casa das centenas do número 1.527) que vira 4 e cede 1 (este 1, na casa inferior, das dezenas, vale 10). Como já tinha 2 na casa das dezenas, junto com os 10 são 12. De 12 podemos tirar 9 e resta 3, que é o resultado para esta casa.
│└ 4 que sobrou desce para o resultado, abaixo da linha.
└ 1 que sobrou desce para o resultado, abaixo da linha.

2. Subtração dos números reais: 27 − 91 = ?

Não dá para fazer no campo dos números naturais, pois não é possível tirar de um número menor (27) um número maior (91) e sobrar resto. Porém, observe que estamos trabalhando com números reais. Nesse tipo de número podemos ter negativos e chegar a um resultado, por isso:

$$27 - 91 = -91 + 27 =$$

```
  −91
  +27
  ───
  −64
```
(resultado de números reais)

Exercícios de fixação de subtração

1. Num depósito havia 216 contêineres. Foram retirados 128. Quantos restaram?

2. José tem um HD de 160 GBytes que já possuía 26 GBytes em arquivos. Ele vai ocupar o restante de espaço do HD com 39 GBytes de arquivos comprimidos e mais 16 GBytes de fotos. Quanto espaço sobrará no HD?

3. Na compra de equipamentos de telecomunicações, um analista gastou R$ 49.000,00. Como obteve um desconto de R$ 6.328,50 para o pagamento à vista em dinheiro, quanto restou para o analista pagar?

4. No pagamento de um fornecedor de serviços de manutenção de equipamentos de rede, um supervisor pagou com cheque especial. O valor do trabalho foi de R$ 3.250,00. O cheque possui um limite de R$ 8.000,00 e já estava negativo em R$ 1.250,00. Após o pagamento do fornecedor, quanto restou no cheque especial?

5. O comprador de uma empresa de serviços de administração de sites adquiriu um software no valor de R$ 3.000,00 à vista. Como a conta estava com saldo positivo de R$ 9.000,00, após realizar o pagamento, quanto restou de dinheiro nessa conta bancária?

6. Uma balança de precisão marcava o peso de um produto como sendo 1,327 kg. Após tirar a embalagem de 321 g, qual será o peso final do produto?

7. Um pen drive de 8 GBytes está vazio e receberá os seguintes arquivos já compactados:

   a) 2,45 GBytes

   b) 1,65 GByte

   c) 1,29 GByte e serão retirados dele

   d) 3,33 GBytes e e) 1,12 GByte

   Quanto espaço sobrará no pen drive?

8. A temperatura de 25 °C de um ambiente terá de ser baixada para 16 °C para aumentar a vida de equipamentos telemáticos. Em quantos graus precisa ser reduzida a temperatura?

9. Um processador possuía uma espessura de 5,28 mm. Com a evolução sua espessura diminuiu em 2,355 mm. Qual o novo valor de espessura do processador?

10. Numa empresa americana que fabricava aço, devido à crise econômica local, houve uma diminuição da produção e houve a dispensa de 359 funcionários. A empresa possuía 16.723 funcionários. Porém, no mesmo período a empresa contratou 129 funcionários. Com quantos funcionários ficou a empresa?

2.3 Multiplicação

2.3.1 Multiplicação de números reais

> Multiplicar significa fazer com que um número se repita uma certa quantidade de vezes.

Uma multiplicação possui os componentes que são chamados de coeficientes ou parcelas e o resultado é chamado produto ou total.

Em geral, a multiplicação é associada com o aumento de alguma coisa. Esta era a ideia da "multiplicação dos pães da Bíblia" ou da multiplicação de recurso para alcançar mais rápido um resultado. Observe os exemplos a seguir:

Exemplo simples

$$5 \times 3 = 15$$

- Produto ou total
- Coeficiente ou parcela
- Coeficiente ou parcela

Exemplo com aumento de complexidade

$$329 \times 15 = ?$$

Vamos representar esta multiplicação de outra forma, mais visual:

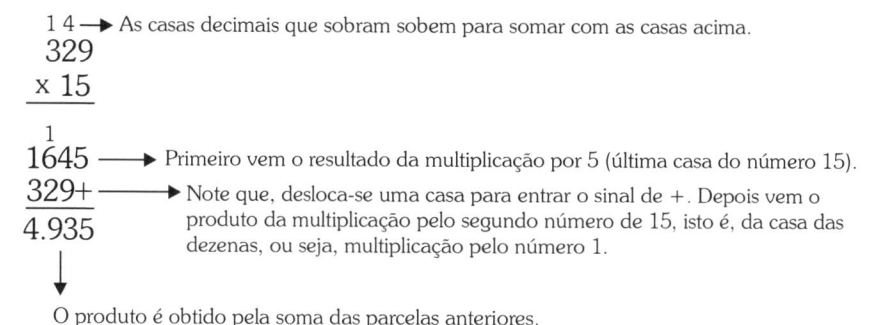

```
  1 4
  329
x  15
------
 1645
 329+
------
4.935
```

1 4 → As casas decimais que sobram sobem para somar com as casas acima.

1645 → Primeiro vem o resultado da multiplicação por 5 (última casa do número 15).

329+ → Note que, desloca-se uma casa para entrar o sinal de +. Depois vem o produto da multiplicação pelo segundo número de 15, isto é, da casa das dezenas, ou seja, multiplicação pelo número 1.

O produto é obtido pela soma das parcelas anteriores.

Exemplo com complexidade um pouco maior

$$2,89 \times 0,5 = ?$$

Agora estamos trabalhando com o produto de números fracionários. Neste caso é preciso fazer a multiplicação normalmente, depois considerar o número de casas decimais depois da vírgula e impor essa quantidade ao produto. Vamos representar a multiplicação de outra forma visual?

```
  4 4
  2,89
x 0,5
------
1,445
```

1,445 → Somando duas casas depois da vírgula do número 2,89 e uma casa do número 0,5, temos um total de três casas. Essas casas são contadas de trás para frente no 1445, resultando em 1,445.

Exercícios propostos

1. Numa linha de montagem de televisores, serão processadas 12.328 máquinas. Cada aparelho recebe 8 knobs. Quantos knobs serão gastos na montagem dos televisores?

Operações com Números

2. Num laboratório de informática de uma faculdade foram trocados os 50 HDs de 40 GBytes por HDs de 160 GBytes. Qual o ganho de capacidade total?

3. Num navio foram carregados 30 contêineres e cada um possui 6,3 t. Qual o peso total de contêineres carregados?

4. Numa rede de computadores foram instalados 15 switches, cada um com 24 portas, sendo 22 livres para conectar máquinas. Quantos computadores podem ser conectados à rede?

5. A potência dissipada como calor (P, medido em watts) de um resistor eletrônico ou resistência elétrica é fornecida pelo produto da corrente elétrica (i, medida em ampères) que passa por ele, e multiplicada pela diferença de potencial (DDP) ou tensão (V, medida em volts) que é aplicada à resistência. Resumidamente, $P = V \cdot i$. Num circuito elétrico com DDP de 5,5 volts e somente uma resistência na qual passa uma corrente de 0,44 ampères, qual o valor da potência dissipada pelo resistor na forma de calor?

6. Num chuveiro de 220 volts, com uma corrente de 23 ampères, qual é potência aproximada dissipada pelo chuveiro?

7. Na instalação de software, um analista se deparou com a seguinte situação: os 95 computadores da empresa eram idênticos, estavam funcionando bem e possuíam 1 GByte de RAM. O analista tinha de acrescentar mais um pente de memória a cada máquina. Supondo que não houvesse problemas, a instalação em cada máquina demoraria 20 minutos, já testada e liberada para o usuário. Supondo que não haja interrupções ou falta de condições, quanto tempo gastará, no mínimo, para instalar todas as memórias, em horas?

8. Num navio serão transportados 125 contêineres para uma empresa. Se cada contêiner tiver 15 t de mercadoria, quantas toneladas serão embarcadas nesses contêineres?

9. O tempo gasto na fabricação de uma peça num torno automático é de 10 s. Cada peça é fabricada em sequência. A própria máquina abastece a matéria-prima e ela não para. Durante 1 hora e 5 minutos exatos de serviço, quantas peças serão fabricadas?

10. Numa faculdade existem 37 salas de aula para os primeiros semestres dos cursos. Cada sala de aula pode receber 50 alunos. Quantos alunos poderão ingressar, no máximo, na faculdade, para que ela tenha plena ocupação das salas?

2.4 Divisão

2.4.1 Divisão de números reais

Dividir significa separar um todo em partes iguais.

Divisões devem ser feitas com dois números de cada vez. O primeiro é o dividendo, o segundo é o divisor, o terceiro é o quociente e o último é chamado de resto.

Veja o exemplo seguinte: 33/11, ou seja, trinta e três dividido por onze (a barrinha "/" indica divisão). Podemos também colocar a divisão de outra forma, como se apresenta em seguida. Vamos analisar os nomes dos elementos envolvidos nesta divisão:

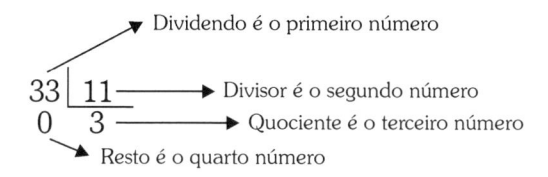

```
         Dividendo é o primeiro número
    33 | 11    Divisor é o segundo número
     0   3     Quociente é o terceiro número
         Resto é o quarto número
```

Ao dividir 33 por 11, obtivemos 11 partes iguais, valendo cada uma 3.

Exercícios propostos

1. Um gerente trouxe um pacote de 500 folhas e deseja distribuir um número igual de folhas entre seus 50 funcionários de modo que não sobre nenhuma. Quantas folhas receberá cada funcionário?

2. Numa faculdade entraram, no último processo seletivo para o curso de Ciência da Computação, 1.762 alunos. Se a instituição quer colocar 70 alunos por sala de aula, quantas salas terá de alocar para o primeiro semestre?

3. Na fabricação de monitores de computador, em cada monitor entram 8 knobs. Ocorre que há no estoque 365 knobs e este é o limitante para a fabricação, pois os outros componentes estão sobrando. Com base nesta limitante, quantos monitores serão fabricados?

4. Um aparelho eletrônico usa pilhas. Como no estoque há 129 pilhas novas, quantos aparelhos podem ser ligados?

5. Quantas áreas de trabalho existem em 109 m², considerando que para cada 10 m² tem-se uma área de trabalho (para pontos de rede de computadores)?

6. No problema do exercício anterior, se considerarmos que cada área de trabalho terá dois pontos de telecomunicações, quantos pontos de telecomunicações terão?

7. Num bloco IDC-110 entrarão três cabos UTP (par trançado) externos de 25 pares trançados cada. Eles estão entrando no prédio e precisam ser passados para cabos de quatro pares cada. Quantos cabos de quatro pares serão necessários?

8. Num navio chegaram 453 contêineres. Em cada depósito cabem 65 contêineres. Quantos depósitos serão necessários?

9. Considerando uma tensão de V = 127 V, uma resistência R de 127 ohms, a lei de Ohm V = R × i e que 1 volt dividido por um ohm resulta em 1 ampère, qual é a corrente i em ampères?

10. Nas instalações telefônicas, que ficam na entrada dos prédios, ou nas instalações de redes de computadores nas salas de equipamentos, é muito comum usar blocos de conexão IDC-110. Cada cabo UTP deve terminar em um bloco de conexão. Considere que o cálculo da quantidade de blocos de conexões, segundo FURUKAWA (s.d.), consiste na quantidade de blocos (quantidade de cabos UTP × capacidade do cabo) dividida pela capacidade do bloco considerado. Num cabeamento existem 21 cabos de 25 pares cada par, e ainda dez cabos de quatro pares. Para fazer a terminação no armário de telecomunicações (AT), quantos blocos de conexão de cem pares é necessário utilizar?

2.5 Potenciação e radiciação

2.5.1 Potenciação

É a operação usada em aritmética para indicar a multiplicação de uma dada base por ela mesma.

Uma potenciação é composta pelos elementos base, expoente e potência. Vejamos no exemplo seguinte de potenciação $4^2 = 16$. Vamos analisar este exemplo, dando nome a cada elemento:

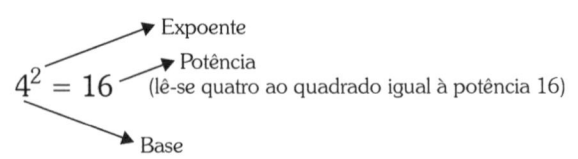

$$4^2 = 16$$

- Expoente: 2
- Potência: 16 (lê-se quatro ao quadrado igual à potência 16)
- Base: 4

Exemplos de aplicação

1. Numa medição do diâmetro de uma fibra óptica com micrômetro de precisão, um tecnólogo obteve um valor de 100 micrômetros. Represente este valor em metros e potência de 10.

   Resolução

   $$100 \text{ mícrons (ou micrômetros)} =$$
   $$100 \times 0,000.001 \text{ m} = 1 \times 0,000.1 \text{ m} = 1 \times 10^{-4} \text{ m}$$

2. A área de um galpão era de 56.700 m². Represente essa área em m² e potência de 10.

   Resolução

   $$56.700 \text{ m}^2 = 5,67 \times 10.000 \text{ m}^2 = 5,67 \times 10^4 \text{ m}^2$$

2.6 Radiciação

É a operação inversa da potenciação.

A raiz quadrada (X) de um número (Y, maior ou igual a zero) é um valor (X) que, multiplicado por ele mesmo (X), dá o número original (Y).

A raiz cúbica (X) de um número (Y) é um valor que, multiplicado por ele mesmo três vezes, dá como resultado o valor original (Y), ou seja, $Y = X \times X \times X$.

Exemplificando:

A raiz quadrada de 4 é 2, pois 2 multiplicado por 2 dá 4.

A raiz cúbica de 27 é 3, pois $27 = 3 \times 3 \times 3$.

A raiz quadrada de 81 é 9, pois $9 \times 9 = 81$.

A raiz quinta de 32 é 2, pois $32 = 2 \times 2 \times 2 \times 2 \times 2$.

A raiz oitava de 256 é 2, pois $256 = 2 \times 2 \times 2 \times 2 \times 2 \times 2 \times 2 \times 2$.

Exercícios propostos

1. O lado de uma sala quadrada é de 4 m. Qual é a área da sala?

2. Temos de colocar várias caixas cúbicas de lado 0,2 m empilhadas de modo justo, para caber o máximo possível. Num volume de 80 m³, quantas caixas caberão?

3. Um processador 8080 possuía um chip com espessura de 6 mícrons. Represente esse valor em metros e em potência de dez.

4. O processador Pentium 4 (lançado em 2000) possuía um chip com espessura 0,18 mícron. Represente o valor da espessura em metros e potência de 10.

5. Um processador Pentium 4 Prescott (lançado em 2004) possui um chip de 0,09 mícron. Represente o valor da espessura em metros e potência de 10.

6. Num processador 8080 havia uma quantidade de 6.000 transistores. Represente este número em potência de 10.

7. Um processador 486 (lançado em 1989) possuía 1.200.000 transistores. Represente este valor em potência de 10.

8. No caso do processador Pentium 4 Prescott, existe uma quantidade de 125.000.000 transistores (cento e vinte e cinco milhões). Represente este valor em potência de 10.

9. A luz pode ser utilizada para transmissão de dados e informações em fibras ópticas. A velocidade da luz é de 300.000 km/s. Qual seria a representação desta velocidade em m/s e potência de 10?

10. A luz ultravioleta, na faixa de comprimento de onda próxima de 400 nm (nanômetros), pode ser utilizada para a polimerização de materiais que então ganham "liga", como é o caso das resinas fotopolimerizáveis que são utilizadas pelos dentistas em restaurações dentárias. Represente o comprimento de onda dessa luz em metros e potência de 10.

2.7 Comparações lógicas

A comparação consiste em comparar dois ou mais valores em termos de:

- X é maior que Y, ou $X > Y$;
- X é menor que Y, ou $X < Y$;
- X é igual a Y, ou $X = Y$;
- X é maior ou igual a Y, ou $X \geq Y$;
- X é menor ou igual a Y, ou $X \leq Y$.

Aplicações

1. Um forno para produção de bolos, que possui controle digital, foi regulado para trabalhar com a faixa de temperaturas (t): $t \geq 120$ °C e $t \leq 130$ °C. Represente este fato numa única frase.

Resolução

O forno foi regulado para trabalhar na faixa de 120 °C ≤ t ≤ 130 °C.

2. Não serão aceitas peças com diâmetro maior que 0,012 mm. Escreva em linguagem de comparação lógica da matemática.

Resolução

Não serão aceitas peças com diâmetro > 0,012 mm, ou só serão aceitas peças com diâmetro < 0,012 mm.

3. O nível normal de plaquetas no sangue humano é de $150.000/mm^3$ a $250.000/mm^3$. Os problemas de sangramento ocorrem quando o nível de plaquetas é menor que 50 mil/mm^3. Represente esta frase com linguagem de comparação lógica matemática.

Resolução

Plaquetas no sangue humano:
$$150.000 \leq \text{nível normal} \leq 250.000/mm^3$$

Exercícios propostos

Represente por meio da lógica matemática as seguintes condições:

1. O número máximo de passageiros no ônibus é 52 pessoas.
2. A regulagem do aparelho possui precisão de 100 +/− 10 mm.
3. A fibra óptica instalada possui uma distância máxima de 50 km sem necessidade de repetidor.
4. Os comprimentos de onda eletromagnética da luz visível estão compreendidos entre 700 e 400 nanômetros.
5. Só serão aceitos computadores com HD maior que 200 GBytes.
6. O transporte modal será por cabotagem e a capacidade das barcas que navegarão pelo rio Tietê será de no mínimo dez contêineres e no máximo 65 por barca.
7. O peso máximo que esse veículo transporta é 25 t, exclusive.
8. A velocidade máxima permitida na rodovia é 120 km/h, exclusive.
9. Quando o número de alunos matriculados passar de 50, teremos de criar uma segunda turma para o laboratório.
10. O livro deve conter no máximo 382 páginas.

3

Números Binários, Octais e Hexadecimais

"A matemática e a lógica binária estão presentes nos computadores."

Shitsuka

3.1 Números binários

O sistema binário é composto por dois algarismos, sendo zero (0) e um (1). No caso de processadores que trabalham com 1,6 V, o zero representa desligado (de 0 a 0,5 volt) e o um representa ligado (de 1,1 a 1,6 volt).

Os computadores e as máquinas digitais (como é o caso das máquinas fotográficas digitais, celulares digitais, máquinas filmadoras digitais, calculadoras digitais, aparelhos de DVD digitais, relógios digitais, MP3, termômetros digitais, TVs digitais, medidores digitais, multímetros digitais, aparelhos auditivos digitais, medidores digitais de pressão, pen drives, switches, hubs, roteadores e servidores) não entendem a informação como nós. Para representar todos os números, letras, sinais de pontuação, símbolos e até espaços, parágrafos de um texto, figuras e sons usa-se a representação binária.

Para cada caractere existe um número correspondente e para cada número decimal existe uma sequência de números "0" e "1".

Os símbolos que compõem o sistema binário são:

| 0 | 1 |

Na numeração binária existe a seguinte relação: Número de combinações 2^n.

em que: 2 = base binária ou base 2 e,

n = número de combinações.

Como exemplo, temos um número binário de padrão de 2 bits. A possibilidade de combinações possíveis é quatro:

0	0
0	1
1	0
1	1

$2^n = 2^2 = 4$ possibilidades de combinações

Em seguida, apresenta-se uma comparação do sistema decimal com o sistema binário.

Número decimal	Número binário
0	0
1	1
2	10
3	11
4	100
5	101
6	110
7	111
8	1000
9	1001
10	1010

Bit

Cada número binário 1 ou 0 pode corresponder a situações com ou sem energia passando num fio, e é chamado de dígito binário ou bit.

O bit é usado para representar o dado e corresponde a menor unidade dele (de informação).

O termo bit é a sigla de **bi**nary dig**it**, ou dígito binário, pois é baseado somente em dois números: 0 (zero) = desligado (0 a 2 volts) e 1 (um) = ligado (3 a 5 volts).

Byte

É a combinação de 8 bits.

O termo byte é a sigla de **bi**nary **te**rm, ou termo binário. Ele equivale a um caractere (letra, número ou símbolo).

Com a combinação de vários zeros e uns podemos representar todos os símbolos existentes. Quando o computador usa conjuntos de 8 bits para representar um caractere, existe a possibilidade de formar 256 caracteres diferentes. Isso vem da matemática e é igual a 2^8 ($2 \times 2 \times 2 \times 2 \times 2 \times 2 \times 2 \times 2 = 256$).

Capacidades de Armazenamento

Assim como em outras unidades de medida, usamos múltiplos para representar grandes quantidades, por exemplo, 1.000 ml = 1 L, ou 1.000 m = 1 km.

Também no sistema binário utilizamos múltiplos, porém são de 1.024. Veja a tabela em seguida:

Quantidade de bytes	Nome
2^{10} = 1.024 B (Bytes)	1 KB - KiloByte
2^{20} = 1.048.576 B	1 MB - MegaByte
2^{30} = 1.073.741.824 B	1 GB - GigaByte
2^{40} = 1.099.511.627.776 B	1 TB - TeraByte
2^{50} = 1.125.899.906.842.624 B	1 PB - PetaByte
2^{60} = 1.152.921.504.606.846.976 B	1 EB - ExaByte
2^{70} = 1.180.591.620.717.411.303.424 B	1 ZB - ZetaByte
2^{80} = 1.208.925.819.614.629.174.706.176 B	1 YB - YottaByte

Uso:

➥ **Kilobyte:** 1.024 (2^{10}) bytes.

Capacidade de memória dos computadores pessoais mais antigos.

➥ **Megabyte:** aproximadamente 1 milhão (2^{20}) de bytes.

Memória de computadores pessoais.

Dispositivos de armazenamento portáteis (disquetes, CD-ROMs).

➥ **Gigabyte:** aproximadamente 1 bilhão (2^{30}) de bytes.

Dispositivos de armazenamento (discos rígidos).

Memória de mainframes e servidores de rede.

➥ **TeraByte:** aproximadamente 1 trilhão (2^{40}) de bytes.

➥ **PetaByte:** aproximadamente 1 quadrilhão (2^{50}) de bytes

➥ **ExaByte: a**proximadamente 1 quintilhão (2^{60}) de bytes

➥ **ZetaByte:** aproximadamente 1 sextilhão (2^{70}) de bytes

➥ **YotaByte:** aproximadamente 1 septilhão (2^{80}) de bytes.

Dispositivos de armazenamento para sistemas muito grandes.

Um livro de 250 páginas tem aproximadamente 1 milhão de caracteres, contando os espaços que também são caracteres em branco. Se fosse usado um computador para editar esse mesmo texto, ele continuaria tendo o mesmo número de caracteres que o livro real, mas os caracteres seriam modelados na forma de bytes. O texto seria representado então por 1 milhão de bytes.

Resumindo:

1 - 1.024 - 1.048.576 - 1.073.741.824 - 1.099.511.627.776

B   KB   MB   GB   TB

1 KB = 1.024 B

1 MB = 1.048.576 B

1 GB = 1.073.741.824 B

1 TB = 1.099.511.627.776 B

1 MB = 1.024 KB

1 GB = 1.048.576 KB

1 TB = 1.073.741.824 KB

1 GB = 1.024 MB

1 TB = 1.048.576 MB

1 B = 0,001 KB = 10^{-3}

1 B = 0,000001 MB = 10^{-6}

1 B = 0,000000001 GB = 10^{-9}

1 B = 0,00000000001 10^{-12}

Outras denominações:

1 Nibble = 4 bits

1 Byte = 8 bits

1 Word (palavra) = 16 bits
Double Word = 32 bits
Quad Word = 64 bits

Palavra:

- O número de bits que a CPU processa como uma unidade.
- A palavra é uma unidade básica formada por um agrupamento de 32 bits.
- Tipicamente, é um número inteiro de bytes.
- Quanto maior a palavra, mais potente é o computador.
- Computadores pessoais tipicamente têm 32 ou 64 bits de extensão de palavras.
- Quanto maior é o número de bits de um processador, mais rapidamente se pode calcular e processar instruções.
- Os antigos chips 8086, 80286 operavam com 16 bits. A partir do 386 até os microprocessadores Pentium IV, as operações são realizadas em 32 bits. Daí surgiram as terminologias "micro de 16 bits", "micro de 64 bits" etc.
- Exemplo: suponhamos que um microprocessador de 16 bits precise realizar a operação 874.596.355 + 568.145.284. Esse microprocessador não pode representar um número tão grande, por isso, para chegar ao resultado, o processamento terá de ser feito em várias etapas. No entanto, um processador de 32 bits poderá representar esse número e realizará a operação em, pelo menos, metade do tempo.

Exercícios propostos

1. Quantas possibilidades de combinações existem num número binário de padrão de 8 bits?
2. Quantas possibilidades de combinações existem num número binário de padrão de 16 bits?
3. Quantas possibilidades de combinações existem num número binário de padrão de 32 bits?
4. Quantos bytes existem no nome Jonas da Silva?
5. Quantos bytes aproximadamente tem um texto com 200 bytes por linha, 20 linhas por página e o total de 10 páginas?

6. Um arquivo texto.doc tinha 300.000 bytes. Depois de passar pelo Winzip (software que comprime o arquivo), ele ficou menor em 30%. Qual é o tamanho do arquivo comprimido (de nome texto.zip)?

7. Se uma pessoa digita 2 bytes por segundo, quanto tempo levaria para digitar uma carta com 3.000 bytes em minutos?

8. Quantos bytes possui um disquete de 1,44 MB?

9. Quantos CDs comuns de 650 MB cabem num DVD de 4 GB?

10. Quantos HDs de 40 GBytes são necessários para guardar o conteúdo de um HD de 160 GBytes?

11. Você precisa fazer download de um arquivo de fotos de 8 MBytes e a transmissão é de 500.000 bytes por segundo. Aproximadamente quanto tempo levará para realizar a transmissão do arquivo de fotos?

12. Você precisa fazer o upload de arquivos de fotos para um site da web. As fotos e os arquivos ocupam um total de 20 MBytes. Quanto tempo aproximadamente levaria para carregar os arquivos e as fotos, considerando a taxa de upload (transmissão) do exercício anterior?

13. Considerando que numa situação de trabalho uma pessoa digita aproximadamente 1 caractere por segundo, se uma pessoa tiver de digitar um texto de 20 páginas, cada página contendo em média 20 linhas e cada linha contendo em média 50 caracteres, quanto tempo em horas, levará, aproximadamente, para a pessoa digitar o texto?

3.1.1 Conversão da base decimal (base 10) em base binária (base 2)

Todo e qualquer número pode ser convertido de uma base numérica em outra base.

Lembrando que o sistema decimal é representado pelos símbolos {0, 1, 2, 3, 4, 5, 6, 7, 8 e 9} e o sistema binário é representado pelos símbolos {0 e 1}.

Cada número é uma soma de produtos do valor de cada dígito pelo seu valor posicional (peso).

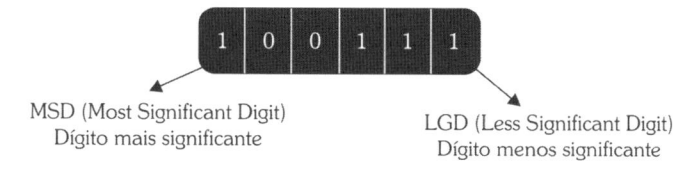

| 1 | 0 | 0 | 1 | 1 | 1 |

MSD (Most Significant Digit)
Dígito mais significante

LGD (Less Significant Digit)
Dígito menos significante

Para converter um número da base decimal em base binária, basta dividir o número decimal sucessivas vezes pela base binária (base 2), ou seja, dividir o número decimal por 2. Deve-se dividir sucessivas vezes por 2 até o quociente chegar ao zero (0). Pegam-se os respectivos restos da divisão, de baixo para cima. Assim, o primeiro resto ocupa a posição LSD e o último resto ocupa a posição do "bit" mais significativo (MSD), e estes darão como resultado o número binário.

Numa divisão lembre-se de que existem os seguintes elementos:

$$\begin{array}{r|l} 61 & 8 \\ \hline 5 & 7 \end{array}$$

Sendo:

➡ 61 = dividendo

➡ 8 = divisor

➡ 7 = quociente

➡ 5 = resto

Exemplo

Conversão do número decimal 25 em número binário.

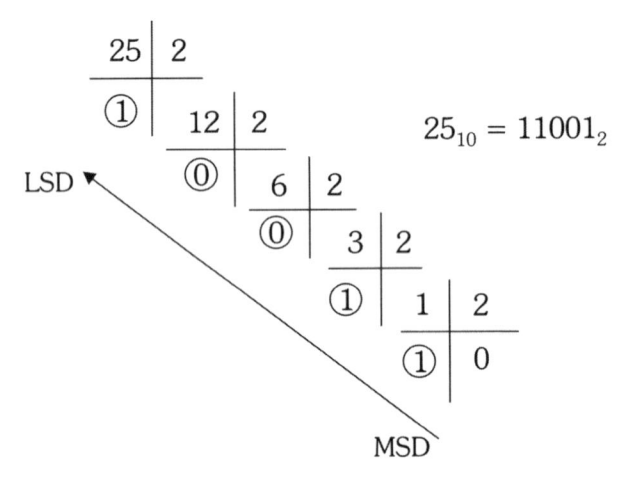

$$\begin{array}{r|l} 25 & 2 \\ \hline ① & \begin{array}{r|l} 12 & 2 \\ \hline ⓪ & \begin{array}{r|l} 6 & 2 \\ \hline ⓪ & \begin{array}{r|l} 3 & 2 \\ \hline ① & \begin{array}{r|l} 1 & 2 \\ \hline ① & 0 \end{array} \end{array} \end{array} \end{array} \end{array}$$

$25_{10} = 11001_2$

LSD ◄ (primeiro resto)

MSD (último resto)

A leitura do número binário resultante dos restos de divisões é no sentido de baixo para cima. Exemplo: $25_{10} = 11.001_2$.

3.1.2 Conversão da base binária (base 2) em base decimal (base 10)

A conversão da base binária (base 2) na base decimal (base 10) envolve uma sucessão de multiplicações da direita para a esquerda, do número inicial da base binária (base 2), elevando a base a partir do zero, e incrementando-a de um em um, quando finalmente somaremos todos os números obtidos para encontrar o resultado na base decimal.

1º passo = descobrir o valor da posição.

2º passo = multiplicar o número binário pela base binária (base 2) elevada à potência do número da posição.

Exemplo

$$101110011_2$$

1º passo

8	7	6	5	4	3	2	1	0	Posição
1	0	1	1	1	0	0	1	1	Número binário

Lendo, fica assim: da direita para a esquerda, o algarismo 1 (número binário) ocupa a posição "0", o algarismo 1 (número binário) ocupa a posição "a", o algarismo 0 (número binário) ocupa a posição "2", o algarismo 0 (binário) ocupa a posição 3, o algarismo 1 (número binário) ocupa a posição "4", o algarismo 1 (número binário) ocupa a posição "5" e assim por diante.

2º passo

A segunda etapa consiste em multiplicar o número binário pela base 2 e a base elevada à potência do número da posição.

$1 \times 2^0 = 1 \times 1 = 1$ (qualquer número elevado à potência 0 = 1)
$1 \times 2^1 = 1 \times 2 = 2$ (qualquer número elevado à potência 1 = o mesmo número)
$0 \times 2^2 = 0 \times 4 = 0$
$0 \times 2^3 = 0 \times 8 = 0$
$1 \times 2^4 = 1 \times 16 = 16$
$1 \times 2^5 = 1 \times 32 = 32$
$1 \times 2^6 = 1 \times 64 = 64$
$0 \times 2^7 = 0 \times 128 = 0$
$1 \times 2^8 = 1 \times 256 = 256$
$$\overline{371}$$

Sendo: 1 + 2 + 0 + 0+ 16 + 32 + 64 + 0 + 256 = 371

O número binário 101110011_2 é igual ao número decimal 371_{10}.

3.1.3 Soma de números binários (base 2)

Para a soma de números binários, devemos obedecer à seguinte regra:

0 + 0 =	0
0 + 1 =	1
1 + 0 =	1
1 + 1 =	0 e vai 1

Exemplo

							Decimal
	1	1			1		
+		1	1	0	0	1	← 25
			1	1	0	1	← 13
	1	0	0	1	1	0	← 38

Sendo:

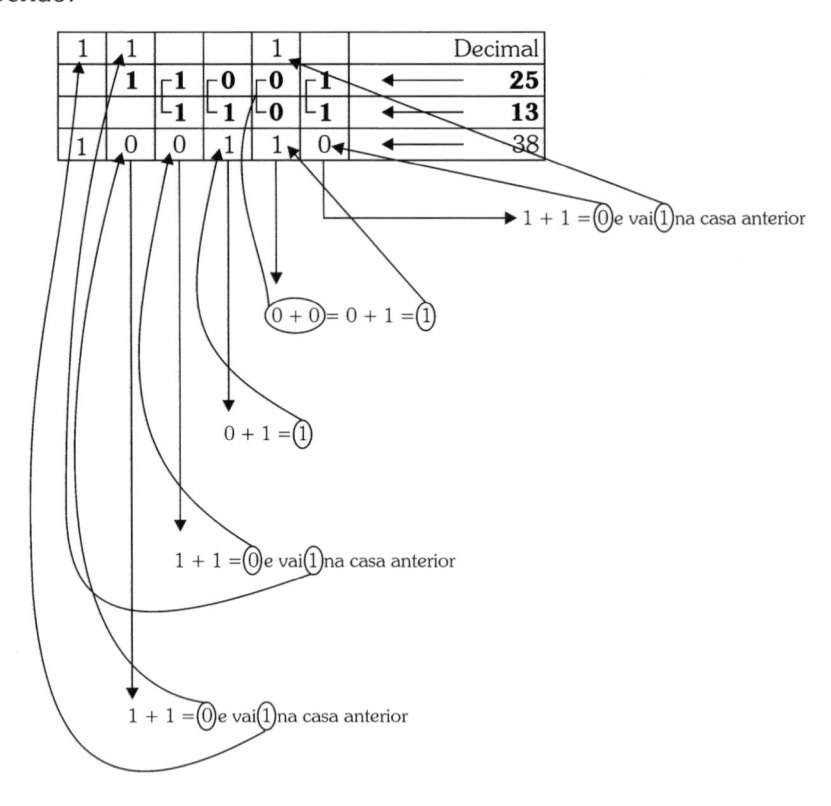

$1 + 1 = \boxed{0}$ e vai $\boxed{1}$ na casa anterior

$\boxed{0 + 0} = 0 + 1 = \boxed{1}$

$0 + 1 = \boxed{1}$

$1 + 1 = \boxed{0}$ e vai $\boxed{1}$ na casa anterior

$1 + 1 = \boxed{0}$ e vai $\boxed{1}$ na casa anterior

Exemplo

	1	1	1	1		1	1	1	1	1		Decimal
+ 1	0	0	0	1	1	0	1	0	1	1	1	← 2.263
0	0	1	1	0	1	0	0	1	0	0	1	← 841
1	1	0	0	0	0	1	0	0	0	0	0	← 3.104

Sendo:

- 1 + 1 = 0 e vai 1 na casa anterior
- 1 + 0 = 1, 1 + 1 = 0 e vai 1 na casa anterior
  (observação: o resultado de 1 + 0 = 1, o 1 que ficou soma do 1 que foi da casa anterior)
- 1 + 0 = 1, 1 + 1 = 0 e vai 1 na casa anterior
  (observação: o resultado de 1 + 0 = 1, o 1 que ficou soma do 1 que foi da casa anterior)
- 0 + 1 = 1, 1 + 1 = 0 e vai 1 na casa anterior
  (observação: o resultado de 0 + 1 = 1, o 1 que ficou soma do 1 que foi da casa anterior)
- 1 + 0 = 1, 1 + 1 = 0 e vai 1 na casa anterior
  (observação: o resultado de 1 + 0 = 1, o 1 que ficou soma do 1 que foi da casa anterior)
- 0 + 0 = 0, 0 + 1 = 1
  (observação: o resultado de 0 + 0 = 0, soma do 1 que foi da casa anterior)
- 1 + 1 = 0 e vai 1 na casa anterior
- 1 + 0 = 1, 1 + 1 = 0 e vai 1 na casa anterior
  (observação: o resultado de 1 + 0 = 1, o 1 que ficou soma do 1 que foi da casa anterior)
- 0 + 1 = 1, 1 + 1 = 0 e vai 1 na casa anterior
  (observação: o resultado de 0 + 1 = 1, o 1 que ficou soma do 1 que foi da casa anterior)
- 0 + 1 = 1, 1 + 1 = 0 e vai 1 na casa anterior
  (observação: o resultado de 0 + 1 = 1, o 1 que ficou soma do 1 que foi da casa anterior)
- 0 + 0 = 0, 0 + 1 = 1
  (observação: o resultado de 0 + 0 = 0, soma do 1 que foi da casa anterior 1 + 0 = 1)

3.1.4 Subtração de números binários (base 2)

Para a subtração de números binários, devemos obedecer à seguinte regra:

0 - 0 =	0
1 - 1 =	0
1 - 0 =	1
0 - 1 =	1 e vai 1

Exemplo

$$(10111)_2 - (01001)_2 = (1110)_2$$

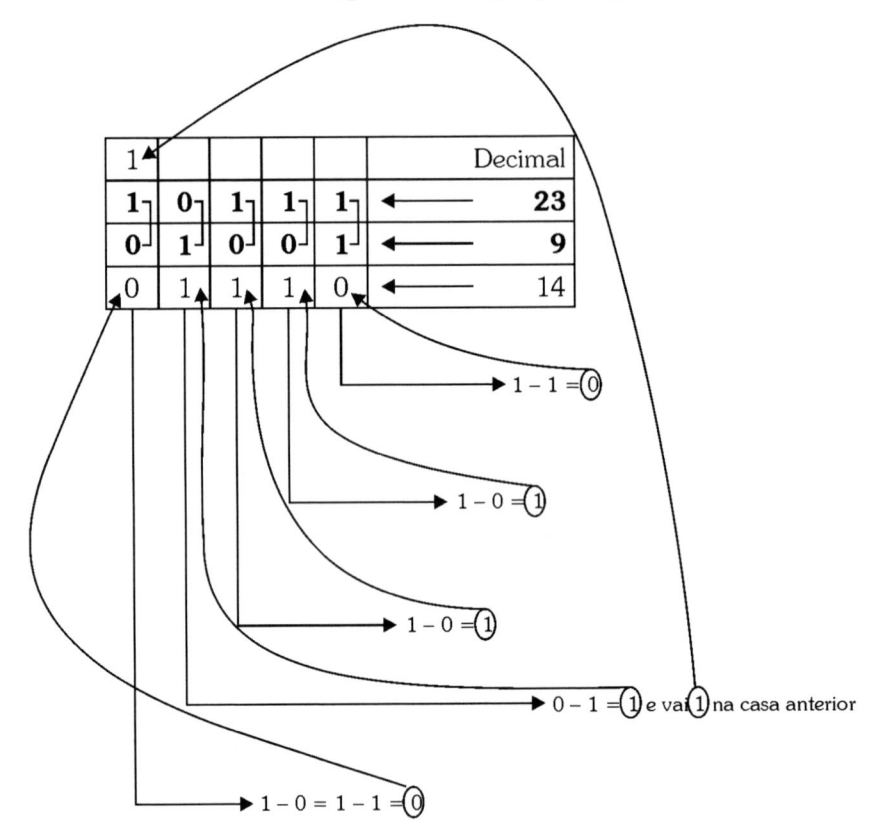

1					Decimal
1	0	1	1	1	23
0	1	0	0	1	9
0	1	1	1	0	14

→ 1 - 1 = 0

→ 1 - 0 = 1

→ 1 - 0 = 1

→ 0 - 1 = 1 e vai 1 na casa anterior

→ 1 - 0 = 1 - 1 = 0

Exemplo

				Decimal
1	1	1		
1	0	0	0	← 8
0	0	1	1	← 3
0	1	0	1	← 5

Sendo:

- 0 − 1 = 1 e vai 1 na casa anterior
- 0 − 1 = 1 e vai 1 na casa anterior. 1 − 1 = 0

  (observação: o resultado de 0 − 1 = 1 e vai 1 na casa anterior, o 1 que ficou subtrai do 1 que foi da casa anterior)

- 0 − 0 = 0, 0 − 1 = 1 e vai 1 na casa anterior

  (observação: o resultado de 0 − 0 = 0, subtrai do 1 que foi da casa anterior)

- 1 − 0 = 1, 1 − 1 = 0

  (observação: o resultado de 1 − 0 = 1, subtrai do 1 que foi da casa anterior)

3.1.5 Multiplicação de números binários (base 2)

Para a multiplicação de números binários, devemos obedecer à seguinte regra:

0 * 0 =	0
0 * 1 =	1
1 * 0 =	1
1 * 1 =	1

1) Observe que esse algoritmo é o mesmo na multiplicação em base decimal.

2) Lembre-se: multiplicam-se as colunas da direita para a esquerda, tal como uma multiplicação em base decimal.

Exemplo

$$(1010)_2 * (1010)_2 = (1100100)_2$$

```
      1010
   x  1010
   ───────
      0000
     1010
    0000
   1010
   ───────
   1100100
```

$1 + 1 = 0$ e vai 1

Exercícios propostos

1. Converta o número 22 decimal em número binário.
2. Converta o número binário (10110) em número decimal.
3. Efetue a soma de números binários: $(100)_2 + (11)_2$.
4. Efetue a soma de números binários: $(1111)_2 + (1010)_2$.
5. Efetue a soma de números binários: $(11)_2 + (10)_2$.
6. Efetue a subtração de binários: $(10100)_2 - (111)_2$.
7. Efetue a subtração de binários: $(11001)_2 - (1101)_2$.
8. Efetue a subtração de binários: $(1010111)_2 - (1001001)_2$.
9. Efetue a multiplicação de binários $(1000)_2 * (110)_2$.
10. Efetue a multiplicação de binários $(11110)_2 * (1010)_2$.

3.2 Número octal (base 8)

A base octal é utilizada quando se escreve um programa em que se introduzem valores no meio dos códigos.

Os símbolos que compõem o sistema octal são:

| 0 | 1 | 2 | 3 | 4 | 5 | 6 | 7 |

Para representar o número octogonal, colocam-se o número entre parênteses e a base como índice.

Exemplo

$(45)_8$

Em seguida se apresenta uma comparação do sistema decimal com o sistema octal.

Decimal	Octal
0	0
1	1
2	2
3	3
4	4
5	5
6	6
7	7
8	10
9	11
10	12
11	13
12	14
13	15
14	16
15	17

3.2.1 Conversão da base decimal (base 10) na base octal (base 8)

Para converter um número da base decimal na base octogonal, basta dividir o número decimal sucessivas vezes pela base octal (base 8), ou seja, dividir o número decimal por 8. Deve-se dividir sucessivas vezes por 8 até o quociente chegar ao zero (0). Pegam-se os respectivos restos da divisão, de baixo para cima. Assim, o primeiro resto ocupa a posição LSD e o último resto ocupa a posição do "bit" mais significativo (MSD), e eles darão como resultado o número octal.

Exemplo

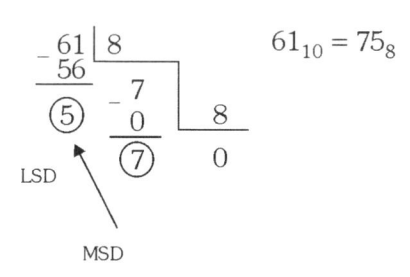

$61_{10} = 75_8$

A leitura do número da base octal resultante é 75, isto é, o número decimal 61 equivale a 75 na base octal, ou seja, 75_8.

3.2.2 Conversão da base octal (base 8) na base decimal (base 10)

A conversão da base octal (base 8) na base decimal (base 10) envolve uma sucessão de multiplicações da direita para a esquerda, do número inicial da base octal (base 8), elevando a base a partir do zero, e incrementando-a de um em um, quando finalmente somaremos todos os números obtidos para encontrar o resultado na base decimal.

1º passo = descobrir o valor da posição.

2º passo = multiplicar o número octal pela base octal (base 8) elevada à potência do número da posição.

Exemplo

Converter o número da base octal 223_8 na base decimal.

1º passo

2	1	0	Posição
4	2	3	Número octal

Lendo, fica assim: da direita para a esquerda, o algarismo 3 (número octogonal) ocupa a posição "0", o algarismo 2 (número octogonal) ocupa a posição "1", o algarismo 4 (número octogonal) ocupa a posição "2" e assim por diante.

2º passo

A segunda etapa consiste em multiplicar o número octogonal pela base 8 e a base elevada à potência do número da posição.

$3 \times 8^0 = 3 \times 1 = 3$ (qualquer número elevado à potência 0 é igual a 1)
$2 \times 8^1 = 2 \times 8 = 16$ (qualquer número elevado à potência 1 é igual ao mesmo
$4 \times 8^2 = 4 \times 64 = \underline{256}$ número)
275

Sendo: 3 + 16 + 256 = 275

O número octogonal 423_8 é igual ao número decimal 275_{10}.

3.2.3 Soma de octais

Para efetuar a soma na base octal, utilizam-se as seguintes regras:

➥ Se a soma passar de 7, sobe 1 na casa anterior.

➥ O 1 que subiu vale 1.

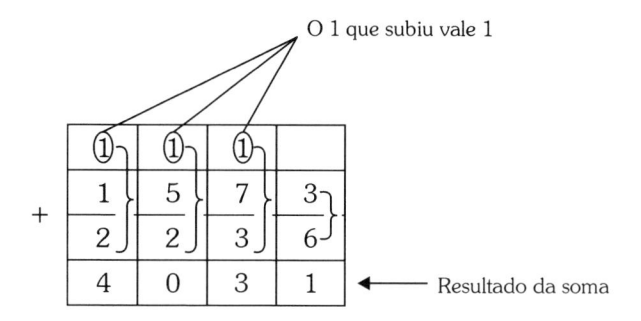

```
        ①   ①   ①
    1   5   7   3
+   ─   ─   ─   ─
    2   2   3   6
    ─────────────
    4   0   3   1   ← Resultado da soma
```
O 1 que subiu vale 1

Sendo:

- 3 + 6 = 9 (9 passou de 7, então sobe 1 na casa anterior)
  9 − 7 (o maior número da base octal) = 2
  2 − 1, como foi 1 para a casa anterior, ficou 1 (2 − 1 = 1)
- 1 + 7 + 3 = 11 (11 passou de 7, então sobe 1 na casa anterior)
  11 − 7 = 4, como foi 1 para a casa anterior, ficou 3 (4 − 1 = 3)
- 1 + 5 + 2 = 8 (8 passou de 7, então sobe 1 na casa anterior)
  8 − 7 = 1, como foi 1 para a casa anterior, ficou 0 (1 − 1 = 0)
- 1 + 1 + 2 = 4 (4 é menor que 7, então não sobe nada)

3.2.4 Subtração de octais

Para efetuar a subtração na base octal, aplica-se a seguinte regra:

- Quando o subtraendo for menor que o subtraído, tomar emprestado 1 da casa anterior.
- Para a subtração, o 1 que pegou emprestado vale 8.

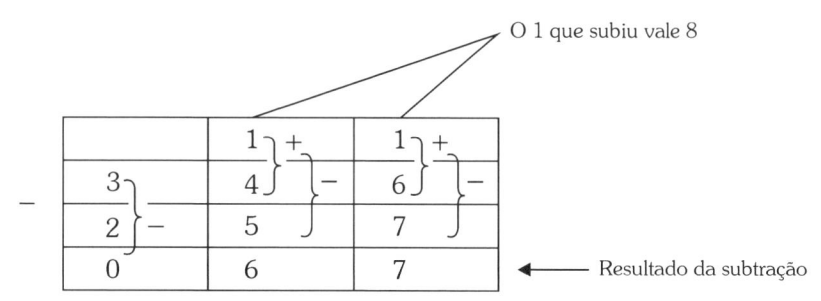

```
            1+    1+
    3       4     6
-   2   -   5     7
    ─────────────────
    0       6     7   ← Resultado da subtração
```
O 1 que subiu vale 8

Sendo:

- 6 – 7 (6 é menor que 7, toma 1 emprestado do algarismo anterior (4), o 1 que tomou emprestado vale 8 - o número total de algarismo na base 8)

    8 + 6 = 14 – 7 = 7

- 3 – 5 (4 emprestou 1, ficou 3, o 3 é menor que 5, toma emprestado (3 – 5) do algarismo anterior (3), o 1 que tomou emprestado vale 8)

    8 + 3 = 11 – 5 = 6

- 2 – 2 (3 emprestou 1, ficou 2) 2 – 2 = 0

Exercícios propostos

1. Converta o número 10 decimal em número octogonal.
2. Converta o número 32 decimal em número octogonal.
3. Converta o número octogonal 14 em número decimal.
4. Converta o número octogonal 21 em número decimal.
5. Efetue a soma de números octogonais: $(52)_8 + (7)_8$.
6. Efetue a soma de números octogonais: $(12)_8 + (6)_8$.
7. Efetue a soma de números octogonais: $(61)_8 + (21)_8$.
8. Efetue a subtração de octogonais: $(47)_8 - (25)_8$.
9. Efetue a subtração de octogonais: $(7)_8 - (3)_8$.
10. Efetue a subtração de octogonais: $(15)_8 - (6)_8$.

3.3 Número hexadecimal (base 16)

O sistema numérico hexadecimal é utilizado nos projetos computacionais, sejam eles projetos de hardware (parte física do computador) ou de software (parte lógica do computador).

Os símbolos que compõem o sistema hexadecimal são:

0	1	2	3	4	5	6	7	8	9	A	B	C	D	E	F

Para representar o número hexadecimal, utiliza-se a letra H depois do número ou colocam-se o número entre parênteses e a base como índice. Exemplo: 1A7H ou $(1A7)_{16}$.

Veja uma comparação do sistema decimal com o sistema hexadecimal.

Decimal	Hexadecimal
0	0
1	1
2	2
3	3
4	4
5	5
6	6
7	7
8	8
9	9
10	A
11	B
12	C
13	D
14	E
15	F
16	10
17	11
18	12

3.3.1 Mudança da base decimal (base 10) para a base hexadecimal (base 16)

Para converter um número da base decimal na base hexadecimal, basta dividir o número decimal sucessivas vezes pela base hexadecimal (base 16), ou seja, dividir o número decimal por 16. Deve-se dividir sucessivas vezes por 16 até o quociente chegar ao zero (0). Pegam-se os respectivos restos da divisão, de baixo para cima. Assim, o primeiro resto ocupa a posição LSD e o último resto ocupa a posição do "bit" mais significativo (MSD), e eles darão como resultado o número hexadecimal.

Exemplo 1

$$\begin{array}{r|l} 16 & 16 \\ \underline{-16} & \underline{1} \underline{|\,16} \\ \text{⓪} & \underline{-0} 0 \\ \text{LSD} & \text{①} \\ & \text{MSD} \end{array}$$

Então, $(16)_{10} = (10)_{16}$.

Exemplo 2

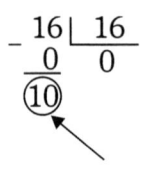

$$\begin{array}{r|l} 16 & 16 \\ \underline{0} & 0 \\ \fbox{10} & \end{array}$$

Então, $(10)_{10} = (A)_{16}$.

Observação	Quando 10(A), 11(B), 12(C), 13(D), 14(E), 15(F) estiverem no mesmo resto, como o exemplo 2, deve-se substituir pelas letras respectivas. Se esses números estiverem no resto separado, como no exemplo 1, não substituir pelas letras respectivas.

3.3.2 Mudança da base hexadecimal (base 16) para a base decimal (base 10)

A conversão da base hexadecimal (base 16) na base decimal (base 10) envolve uma sucessão de multiplicações da direita para a esquerda, do número inicial da base hexadecimal (base 16), elevando a base a partir do zero, e incrementando-a de um em um, quando finalmente se somam todos os números obtidos para encontrar o resultado na base decimal.

1º passo = descobrir o valor da posição.

2º passo = multiplicar o número hexadecimal pela base hexadecimal (base 16) elevada à potência do número da posição.

Exemplo

Converter o número hexadecimal $3A5_{16}$ na base decimal.

1º passo

2	1	0	Posição
4	2	3	Número hexadecimal

Lendo, fica assim: da direita para a esquerda, o algarismo 5 (número hexadecimal) ocupa a posição "0", o algarismo A (número hexadecimal) ocupa a posição "1", o algarismo 3 (número hexadecimal) ocupa a posição "2" e assim por diante.

2º passo

A segunda etapa consiste em multiplicar o número hexadecimal pela base 16 e a base elevada à potência do número da posição.

$5 \times 16^0 = 5 \times 1 = 5$ (qualquer número elevado à potência 0 é igual a 1)
$A \times 16^1 = 10 \times 16 = 160$ (qualquer número elevado à potência 1 é igual ao
$3 \times 16^2 = 3 \times 256 = \underline{768}$ mesmo número)
933

Sendo: 5 + 160 + 768 = 933

O número hexadecimal $5A3_{16}$ é igual ao número decimal 933_{10}.

3.3.3 Soma de hexadecimais

Para efetuar a soma na base hexadecimal, utilizam-se as seguintes regras:

→ Se a soma passar de 15, que é representado pela letra F na base hexadecimal, sobe 1 na casa anterior.

→ O 1 que subiu vale 1.

Em que:

→ B = 11

→ C = 12

→ F = 15

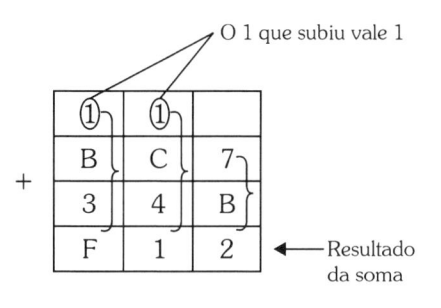

Sendo:

→ 7 + B (11) = 18 (18 passou de 15, então sobe 1 na casa anterior)
18 – 15 (o maior número da base hexadecimal) = 3
como foi 1 para a casa anterior, ficou 2 (3 – 1 = 2)

→ 1 + C (12) + 4 = 17 (17 passou de 15, então sobe 1 na casa anterior)
17 – 15 = 2, como foi 1 para a casa anterior, ficou 1 (2 – 1 = 1)

→ 1 + B (11) + 3 = 15 (15 equivale a F)

Então, a soma $(BC7)_{16} + (34B)_{16} = (F12)_{16}$.

3.3.4 Subtração de hexadecimais

Para efetuar a subtração na base hexadecimal, aplica-se a seguinte regra:

→ Quando o subtraendo for menor que o subtraído, tomar emprestado 1 da casa anterior. Emprestar 1 é, na verdade, emprestar 16.

→ Para a subtração, o 1 que pegou emprestado vale 16.

Números Binários, Octais e Hexadecimais

		1 +	1 +
5	4	8	
2	– 4	– A	
2	F	E	

O 1 que subiu vale 16

← Resultado da subtração

Em que:

- A = 10
- E = 14
- F = 15

Sendo:

- 8 – A (A = 10, então 8 – 10, 8 é menor que 10, então toma emprestado do algarismo anterior (4), o 1 que tomou emprestado vale 16)

  16 + 8 = 24 – 10 = 14 (14 equivale à letra E)

- 3 – 4 (4 emprestou 1, ficou 3, o 3 é menor que 4, toma emprestado do algarismo anterior (5), o 1 que tomou emprestado vale 16)

  16 + 3 = 19 – 4 = 15 (15 equivale à letra F)

- 4 – 2 (5 emprestou 1, ficou 4) 4 – 2 = 2

Então, a subtração $(548)_{16} - (24A)_{16} = (2FE)_{16}$.

Exercícios propostos

1. Converta o número 162 decimal em número hexadecimal.
2. Converta o número 72 decimal em número hexadecimal.
3. Converta o número hexadecimal 2F em número decimal.
4. Converta o número hexadecimal 8A em número decimal.
5. Efetue a soma de números hexadecimais: $(23A)_{16} + (127)_{16}$.
6. Efetue a soma de números hexadecimais: $(47)_{16} + (22)_{16}$.
7. Efetue a soma de números hexadecimais: $(A)_{16} + (2)_{16}$.
8. Efetue a subtração de hexadecimais: $(72)_{16} - (33)_{16}$.
9. Efetue a subtração de hexadecimais: $(45)_{16} - (B)_{16}$.
10. Efetue a subtração de hexadecimais: $(87)_{16} - (E)_{16}$.

3.4 Frações de números binários

A notação binária também representa números que representam frações, ou seja, números com casas decimais. Da mesma forma que o sistema decimal, os números que aparecem à esquerda da vírgula referem-se à parte inteira do valor, e os números que aparecem à direita da vírgula referem-se à parte fracionária.

O funcionamento para a parte fracionária segue a mesma lógica que a vista para o sistema binário, com ressalva para os pesos que são fracionários:

- à primeira posição à direita da vírgula, é associada a quantidade ½;
- à posição seguinte, a quantidade ¼;
- à próxima, 1/8;
- e assim sucessivamente.

Note-se que isso é apenas uma extensão da regra previamente estabelecida; cada posição é associada a uma quantidade que é o dobro da quantidade associada à sua direita.

Com esses pesos associados às posições dos bits, é possível decodificar uma representação binária que contenha uma vírgula da mesma forma como se a vírgula não existisse.

Exemplo

Vamos converter o valor binário 101,101 para o sistema decimal:

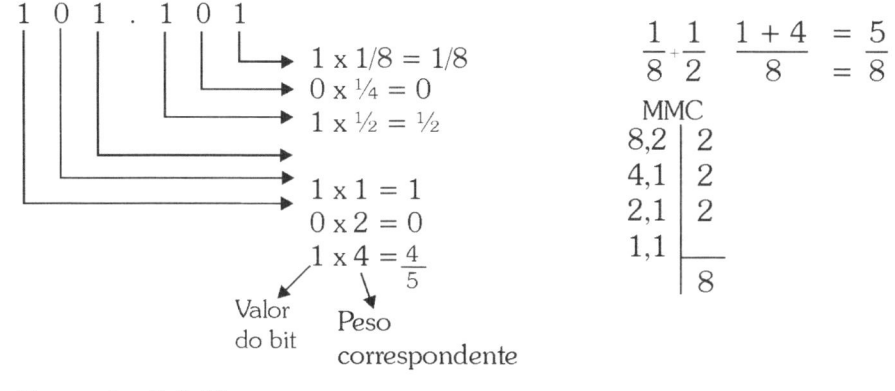

```
1 0 1 . 1 0 1
            └→ 1 x 1/8 = 1/8
          → 0 x ¼ = 0
        → 1 x ½ = ½

    → 1 x 1 = 1
   → 0 x 2 = 0
  → 1 x 4 = 4
```

Valor   Peso
do bit correspondente

$$\frac{1}{8} + \frac{1}{2} \quad \frac{1+4}{8} = \frac{5}{8}$$

MMC
8,2 | 2
4,1 | 2
2,1 | 2
1,1 |
    | 8

Resposta: 5,5/8

Exercícios propostos

1. Converta o número 11,1 binário fracionário em número decimal.
2. Converta o número 101,111 binário fracionário em número decimal.
3. Converta o número 111,11 binário fracionário em número decimal.
4. Converta o número 1,1 binário fracionário em número decimal.
5. Converta o número 10,1001 binário fracionário em número decimal.
6. Converta o número 11,111 binário fracionário em número decimal.
7. Converta o número 11,101 binário fracionário em número decimal.
8. Converta o número 1,111 binário fracionário em número decimal.
9. Converta o número 100,11 binário fracionário em número decimal.
10. Converta o número 11,100 binário fracionário em número decimal.

4

Grandezas Proporcionais, Regra de Três e Porcentagens

"Quanto mais água, mais suco."
Provérbio de autor desconhecido

Valor de uma grandeza relacionado ao valor de outra grandeza, de modo que, quando existe uma variação da primeira grandeza, como consequência a segunda varia proporcionalmente.

A relação da proporcionalidade entre duas grandezas pode ser diretamente proporcional ou inversamente proporcional.

4.1 Grandezas diretamente proporcionais

Duas grandezas são diretamente proporcionais quando ocorre o fenômeno no qual, aumentando o valor da primeira grandeza, também o valor da segunda aumenta.

Exemplos de grandezas diretamente proporcionais

1. Na eletricidade, existe a primeira lei de Ohm, conforme foi apresentado em exercício de capítulo anterior. Segundo essa lei, $V = R \times i$. Isso significa que, se tivermos uma resistência fixa, de um dispositivo, então à medida que aumenta a corrente, também aumenta a tensão. Considere uma experiência na qual se aplicou valor de corrente (crescente de 1 em 1 ampère) e se mediu por meio de um voltímetro a tensão resultante obtida, conforme apresenta a Tabela 4.1 sobre resistência constante de valor de 2 ohms.

Tabela 4.1 - Valores de corrente e tensão para resistência fixa de 2 ohms

Medição	i (A)	V (volts)
Primeira medição	1	2
Segunda medição	2	4
Terceira medição	5	10
Quarta medição	10	20
Quinta medição	15	30
Sexta medição	18	36

Note que, à medida que cresce o valor da corrente, também cresce o valor da tensão em volts. Este fato indica que as duas grandezas, corrente i (em ampères, ou A) e tensão V (em volts, ou V), são diretamente proporcionais.

2. Uma máquina gasta seis minutos para fabricar uma peça. Para fabricar 100 peças, quanto tempo levará? Qual relação de proporcionalidade existe entre o número de peças fabricadas e o tempo gasto para fazê-las?

   Resolução

   Para fabricar 100 peças serão gastos $100 \times 6 = 600$ minutos. Transformando em horas, $600/60 = 6h$.

3. Um professor de Tecnologia da Informação ganha R$ 30,00 hora/aula. Ele trabalha um certo número de horas semanais. As grandezas "Salário" e "número de horas trabalhadas" são inversamente ou diretamente proporcionais? Exemplifique numa tabela com horas trabalhadas e valor recebido, considerando que não haverá descontos.

   Resolução

   As grandezas "Salário" e "número de horas trabalhadas" são diretamente proporcionais.

Um exemplo de tabela pode ser observado a seguir:

Número observado	Número de horas trabalhadas	Valor recebido em reais
1	0	0
2	1	30,00
3	10	300,00
4	20	600,00
5	30	900,00
6	50	1.500,00
7	100	3.000,00

Pode-se observar que quanto maior o número de horas trabalhadas, maior é o valor recebido pelo professor.

4.1.1 Regra de três para grandezas diretamente proporcionais

A regra de três para grandezas diretamente proporcionais permite calcular qualquer outro valor pela proporcionalidade (precisamos conhecer três valores e faltará calcular o quarto valor). Vale da seguinte forma:

Se para 10h (primeiro valor) o ganho foi de 300 reais (segundo valor), então para 15h (terceiro valor), qual será o ganho (quarto valor)? Costuma-se representar da seguinte forma:

$$\text{Regra de três: } \begin{cases} 10h \longrightarrow 300 \text{ reais} \\ 15h \longrightarrow X \text{ reais} \end{cases}$$

Em outras palavras, 10 horas está para 300 reais assim como 15 horas está para X reais. Para resolver a regra de três, é só fazer a multiplicação em cruz, como se apresenta em seguida:

$$\text{Multiplicação em cruz: } \begin{cases} 10h \dashrightarrow 300 \text{ reais} \\ 15h \dashrightarrow X \text{ reais} \end{cases}$$

que resulta: $10 \times X = 15 \times 300$ e finalmente:

$$X = \frac{15 \times 300}{10}, \text{ ou seja, } X = 450 \text{ reais}$$

4.2 Grandezas inversamente proporcionais

Duas grandezas são inversamente proporcionais quando ocorre o fenômeno no qual, aumentando o valor de uma grandeza, o valor da outra diminui. Veja os exemplos seguintes em que se apresentam grandezas inversamente proporcionais.

1. Em um contêiner cabem no máximo 30 peças de um tipo de máquina. À medida que se carrega mais uma máquina no contêiner, a quantidade restante de máquina que ainda pode ser carregada (quantidade restante) diminui. Deste modo, enquanto a quantidade de máquinas carregadas aumenta, a quantidade restante diminui. Estas duas grandezas são inversamente proporcionais. A tabela seguinte apresenta a situação:

Números observados	Número de máquinas carregadas	Quantidade restante
1	0	30
2	1	29
3	2	28
4	5	25
5	10	20
6	23	7
7	30	0

As duas grandezas, "número de máquinas carregadas" e "quantidade restante", são inversamente proporcionais.

2. Segundo a lei de Ohm, para um circuito elétrico ideal $V = R \times i$.

   Se o valor da voltagem for constante, como é o caso de uma bateria, então a resistência e a corrente são inversamente proporcionais. Este fato é usado nos potenciômetros, que são os botões para aumento ou diminuição do volume de áudio em aparelhos de TV ou em aparelhos de som. À medida que se gira o potenciômetro para aumentar a resistência, diminuem-se a corrente e, por conseguinte, o som. Por outro lado, girando o potenciômetro para diminuir a resistência, aumenta-se a corrente que passa e, por tabela, aumenta-se o som.

3. O período (T) de um movimento circular é o tempo gasto para dar uma volta. A frequência (f) para o movimento mencionado é o inverso do período. Em outras palavras:

$$T = 1/f$$

À medida que se aumenta a frequência do movimento, diminui-se o período e vice-versa, diminuindo a frequência, aumenta-se o período. Em outras palavras, ambos, frequência e período, são grandezas inversamente proporcionais.

4.2.1 Regra de três para grandezas inversamente proporcionais

A regra de três para grandezas inversamente proporcionais permite calcular qualquer outro valor pela proporcionalidade (precisamos conhecer três valores e faltará calcular o quarto valor). Vale da seguinte forma:

No caso da lei de Ohm, $V = R \times i$, teremos a seguinte situação para uma tensão $V = 10$ volts (constante):

Se para uma resistência de 5 ohms (primeiro valor) o valor da corrente i é de 2 ampères (segundo valor), então para 8 ohms (terceiro valor), qual será o valor da corrente (quarto valor)? Costuma-se representar da seguinte forma:

$$\text{Regra} \begin{cases} 5 \text{ ohms} \longrightarrow 2 \text{ ampères} \\ 8 \text{ ohms} \longrightarrow X \text{ ampères} \end{cases}$$

Neste caso não se aplica a multiplicação em cruz, como se fez no caso da proporção direta.

Em outras palavras, 5 ohms está para 2 ampères assim como 8 ohms está para X ampères. Para resolver a regra de três, é só fazer a multiplicação direta, como se apresenta em seguida:

$$\text{Multiplicação direta} \begin{cases} 5 \text{ ohms} \longrightarrow 2 \text{ ampères} \\ 8 \text{ ohms} \longrightarrow X \text{ ampères} \end{cases}$$

que resulta $8 \times X = 5 \times 2$ e finalmente:

$$X = \frac{5 \times 2}{8}, \text{ ou seja, } X = 10/8 = 1{,}25 \text{ ampères}$$

$$X = 1{,}25 \text{ ampères}$$

Exercícios propostos

1. Aumentando o peso médio transportado diariamente por uma carreta, os pneus diminuem a vida útil. O peso médio transportado diariamente por uma carreta e a vida útil dos pneus são grandezas com qual relação de proporcionalidade?

2. Um guindaste carrega um contêiner num navio cargueiro a cada 20 minutos. Utilizando dois guindastes, conseguem fazer o mesmo serviço em metade do tempo, ou seja, a cada dez minutos, em média, um contêiner é carregado no navio. Com três guindastes consegue-se carregar, em média, em um terço do tempo original. A relação entre o número de guindastes e o tempo médio para carregar um contêiner no cargueiro é direta ou inversamente proporcional?

3. A distância entre as cidades de São Paulo e Rio de Janeiro é de 400 km. Se um carro mantiver a velocidade constante de 200 km/h, então, em duas horas, ele fará o percurso entre São Paulo e Rio de Janeiro. Se o carro mantiver a velocidade constante de 100 km/h, fará o percurso em quatro horas. Caso a velocidade seja de 50 km/h, então o tempo gasto será de oito horas. Finalmente, se o carro mantiver a velocidade de 25 km/h, o tempo gasto para cobrir o percurso será de 16 horas. As grandezas velocidade e tempo de percurso são direta ou inversamente proporcionais? Caso se ande com o carro a uma velocidade constante de 10 km/h, quanto tempo levará para fazer o percurso entre São Paulo e Rio de Janeiro?

4. No transporte de mercadorias com uma caminhonete, ela faz em torno de 5 km/litro de gasolina. O consumo de combustível e a distância percorrida são direta ou inversamente proporcionais? Por quê?

5. O tamanho médio dos arquivos salvos é de 100 MBytes. Quanto mais arquivos são salvos no HD de 160 GBytes, menos espaço livre sobra. As grandezas "quantidade de arquivos salvos" e "espaço livre no HD" são direta ou inversamente proporcionais? Há alguma crítica possível em relação ao tamanho dos arquivos?

6. É preciso fazer o download de arquivos de figuras de um site da Internet para o computador. Considerando uma taxa de transmissão fixa e constante, quanto maior o tamanho do arquivo em bytes, mais tempo é gasto baixando arquivos. As grandezas tamanho de arquivo e tempo de download são direta ou inversamente proporcionais? Por quê?

7. Sabe-se que as grandezas força (F) e aceleração (A) são diretamente proporcionais para uma massa (M) constante, por meio da relação $F = M \times A$. Para um valor de aceleração de 10 m/s^2, obteve-se uma força de 50 N (newtons). Qual será a força para uma aceleração de 5 m/s^2?

8. No caso do exercício anterior, sabe-se que para uma força (F) constante, à medida que aumenta a massa, diminui a aceleração. Essas grandezas são direta ou indiretamente proporcionais? Se uma massa de 50 kg correspondeu a uma aceleração de 2 m/s^2, então se a massa for de 10 kg, qual será a aceleração?

9. Um operário faz dez peças de um determinado produto por dia. Dois operários fazem 20 peças, três fazem 30 etc. A empresa fechou um contrato de fornecimento de 800 peças, que levaria 80 dias para fabricação, porém vai receber um bônus a cada dia que conseguir diminuir, pois a demanda pela peça está muito grande. A quantidade de operários e o número de dias para fabricação das 800 peças são direta ou inversamente proporcionais? Caso se utilizem cinco operários, em quantos dias será concluída a fabricação das 800 peças?

10. Um veículo consome 10 km/litro de álcool durante uma viagem entre Belém e Brasília, numa estrada plana, sem curvas. Ele possui um tanque de combustível no qual cabem 70 litros. O veículo saiu de tanque cheio de Belém. As grandezas "quantidade de litros de combustível restante no tanque" e "quilômetros rodados na rodovia" são direta ou inversamente proporcionais? Após andar 345 km, qual a quantidade de litros de combustível restante no tanque?

4.3 O cálculo de porcentagens

Esse tipo de cálculo é um dos mais importantes que existem na sociedade para o tecnólogo ou pessoas que trabalham em área técnicas, pois é muito comum referenciar valores em termos de porcentagem.

Uma porcentagem é um valor relativo a uma fração, mas é representado para cada 100.

➡ Quanto, percentualmente, é metade de um valor?

Resolução

Metade é = ½ = 0,5. Para chegar à porcentagem, é só multiplicar por 100, ou seja, a porcentagem é 0,5 × 100 = 50%.

➡ Quanto, percentualmente, é ¼ de um valor?

Resolução

¼ = 0,25. Para converter em porcentagem, multiplica-se por 100: percentualmente = 0,25 × 100 = 25%.

➡ Quanto é 10% de R$ 5.000,00 ?

Resolução

$$\frac{5000 \times 10}{100} = 500, \text{ ou seja, } 10\% \text{ de } 5.000 \text{ é } 500$$

Exercícios propostos

1. Um administrador de banco de dados recebia um salário de R$ 6.000,00 mensais. Ele foi convidado para trabalhar no exterior e ganhar 100% a mais. Qual será o novo salário?

2. Um computador recebeu um HD maior do que o dobro de capacidade, e mais um pente de memória de 1 GByte, com isso seu preço de venda aumentou 10%. O valor do computador era de R$ 1.900,00. Qual será o novo valor?

3. Após quebrar uma parede que separava uma sala de aula (de 120 m^2) de uma sala menor da área administrativa (40 m^2), a área da nova sala de aula ficou com 140 m^2. Em quantos por cento aumentou a sala de aula?

4. Uma empresa possui 245 computadores. Ela está querendo aumentar seu parque instalado de máquinas em cerca de 5%. Quantas máquinas precisa adquirir?

5. Marcelo é um administrador de redes que foi comprar cinco switches de R$ 350,00 cada. Como fará o pagamento à vista, foi concedido um desconto de 12%. Qual é o valor do desconto e o valor pago?

6. Na fabricação de 100 peças de trator, por dia, a área industrial conseguiu reduzir a quantidade de peças defeituosas de 6% para 3%. Quantas peças boas a mais estão saindo da fábrica?

7. A produtividade de atendimento de cada analista de suporte aumentou em 5% em relação ao atendimento de números de chamadas. Se cada analista atendia 16 clientes por dia, quantos clientes passaram a atender após o aumento de produtividade?

8. Num estudo realizado com clientes de uma empresa de transporte, 28 clientes estavam insatisfeitos e isso representava 6% do total. Qual o total de clientes da empresa?

9. Num ano, o aumento do preço do petróleo foi de 72%. O preço inicial de cada barril era de 40 dólares. Qual foi o preço final naquele ano?

10. No começo do ano de 2008, o preço do petróleo estava em 148 dólares o barril. Já no final do mesmo ano, o preço estava em 50 dólares. Qual a diminuição porcentual que ocorreu no preço do barril de petróleo?

5
Juros Simples e Juros Compostos

"Juro é o aluguel do dinheiro que se empresta.
Quanto mais juros melhor para quem empresta."

Provérbio anônimo

5.1 Juro

É a taxa cobrada de todo capital emprestado por um certo período de tempo. Esse capital consiste de bens como dinheiro, ações, bens de consumo, propriedades ou mesmo indústrias. O juro é calculado sobre o valor desses bens, da mesma maneira que sobre o dinheiro.

Para o cálculo de juro, deve-se considerar:

- **Capital (C):** o valor principal emprestado ou aplicado que serve de base para cálculo do juro.
- **Juro (j):** é a taxa porcentual usada para calcular o ganho ou pagamento sobre o capital.
- **Montante (M):** o valor final, que é o capital mais o juro.
- **Prazo (t):** é o tempo que decorre entre o início do empréstimo e o final.

A taxa de juro (j) pode ser aplicada ao dia (a.d.), ao mês (a.m.) e ao ano (a.a.), e em cada caso deve-se realizar o cálculo conforme o tempo estabelecido.

A taxa de juro (j) e o tempo (t) devem ter a mesma unidade de medida. Se a taxa de juro (j) for em dias, o tempo (t) deve ser em dias; se a taxa de juro (j) for mensal, o tempo (t) deve ser em meses e assim por diante.

Uma aplicação pode ser realizada por um período ou prazo, que pode ser contado em dias, meses, bimestre, trimestre, quadrimestre, anos etc.

5.2 Juros simples

É toda compensação em dinheiro que se recebe, ou que se paga, pelo dinheiro que se pega emprestado ou que se empresta.

Os juros simples são calculados sobre o valor inicial emprestado ou aplicado.

Exemplo

Eduardo pediu emprestado R$ 200,00 ao amigo para pagar depois de quatro meses a uma taxa de 3% ao mês. Quanto Eduardo deve pagar no fim de quatro meses?

Crescimento de R$ 200,00 a juros simples de 3% a.m.

Mês	Valor no início do mês em R$	Juros no início do mês em R$	Valor no final do mês em R$
1	200,00	3% × 200,00 = 6,00	200,00 + 6,00 = 206,00
2	206,00	3% × 200,00 = 6,00	206,00 + 6,00 = 212,00
3	212,00	3% × 200,00 = 6,00	212,00 + 6,00 = 218,00
4	218,00	3% × 200,00 = 6,00	218,00 + 6,00 = 224,00

Existe uma fórmula que relaciona o capital inicial, os juros, o prazo e o montante, para o caso de juros simples, que é a seguinte:

$$M = C(1 + j \times t)$$

Exemplo

O mecânico José da Silva comprou uma máquina que é um elevador de carros, isto é, um elevador de colunas de 2.500 kg, monofásico, cujo preço à vista é R$ 5.794,00. José deseja pagar em 60 vezes e soube que o valor final ficará em R$ 11.588,00, desconsiderando qualquer outra despesa com financiamento. Qual será o valor da taxa de juros mensal?

Resolução

Tem-se período de tempo, t = 60 meses. Montante, ou valor final, M = 11.588,00. Capital inicial ou valor inicial é C = 5.794,00. É necessário calcular a taxa de juros mensal, J = ?. Usando a fórmula: M = C (1 + j × t), para facilitar o trabalho, isolamos o valor J:

$\dfrac{M}{C} = 1 + j \times t$, ou mudando de lado, sem interferir em nada:

$$1 + j \times t = M/C$$

Então, a seguir, passa-se o "1" para o lado esquerdo do igual:

$$j \times t = M/C - 1$$

Isolando o juro:

$$j = (M/C - 1)/t$$

Agora, podemos substituir os valores que possuímos para calcular o j:

j = (11.588,00/5.794,00 − 1)/60 = (2 − 1)/60 = 1/60 = 0,0167

Para obter o juro em porcentagem, multiplica-se por 100, então teremos j = 1,67%.

5.3 Juros compostos

Os juros compostos são calculados de forma que os juros de cada período somam-se à dívida, incidindo juros sobre ele no período seguinte.

Exemplo

Eduardo pediu emprestado R$ 200,00 ao amigo para pagar depois de quatro meses, a uma taxa de 3% ao mês. Quanto Eduardo deve pagar no fim de quatro meses?

Crescimento de R$ 200,00 a juros compostos de 3% a.m.

Mês	Valor no início do mês em R$	Juros no início do mês em R$	Valor no final do mês em R$
1	200,00	3% × 200,00 = 6,00	200,00 + 6,00 = 206,00
2	206,00	3% × 206,00 = 6,18	206,00 + 6,18 = 212,18
3	212,18	3% × 212,18 = 6,36	212,18 + 6,36 = 218,54
4	218,54	3% × 218,54 = 6,55	218,54 + 6,55 = 225,09

Os juros compostos também são chamados de juros sobre juros.

Existe uma fórmula que relaciona os valores do capital inicial: $M = C(1+j)^t$; em outras palavras, o montante é igual ao produto do capital inicial multiplicado por 1 mais o juro elevado ao período t.

Exemplo

Carlos comprou uma máquina fotográfica digital, cujo valor era de R$ 900,00 (valor inicial, ou capital inicial, C = 900,00), com cheque especial, cujo valor estava zerado e, portanto, entrou no negativo. A ideia de Carlos é "deixar rolar" e pagar o valor daqui a meio ano. Qual o valor do montante, M, a ser pago por Carlos daqui a meio ano (período, t = 6), sabendo que o juro do cheque especial está em 11,15%?

$$M = 900(1 + 0,1115)^6 = 900 \times 1,886 = 1.697,4$$

Portanto, o valor a ser pago é de R$ 1.697,40.

Exercícios propostos

1. Maria possui uma microempresa de prestação de serviços de soldagem de fibras ópticas, e está comprando uma máquina para essa finalidade que vale R$ 50.000,00. Maria recorreu a um financiamento que cobra uma taxa de juro simples de 2,35% ao mês. Ela pretende pagar em 12 parcelas. Qual o valor de cada parcela mensal?

2. Marcos possui uma microempresa, semelhante à de Maria da questão anterior, de prestação de serviços de soldagem de fibras ópticas, e está comprando uma máquina para essa finalidade que vale R$ 50.000,00. Marcos recorreu a um financiamento que cobra uma taxa de juro composto de 2,35% ao mês. Ele pretende pagar em 12 parcelas. Qual o valor de cada parcela mensal?

3. Na compra de um Corolla, um gerente em manutenção pretendia pagá-lo em cinco anos, com uma taxa de juros simples de 0,99% ao mês. Se o valor atual do carro é de R$ 60.000,00, qual será o valor do montante, supondo que não haja outras despesas?

4. Continuando o problema anterior da compra de um Corolla, o qual um gerente em manutenção pretendia pagar em cinco anos, fez-se uma variante em relação aos juros: se o juro mensal simples cobrado for de 1,99% ao mês, em vez de 0,99% ao mês, qual a diferença que 1% a mais de juro fará no montante?

5. O mesmo problema do exercício 3, porém com juro composto. Na compra de um Corolla, um gerente em manutenção pretendia pagá-lo em cinco anos, com uma taxa de juro composto de 0,99% ao mês. Se o valor atual do carro é de R$ 60.000,00, qual será o valor do montante, supondo que não haja outras despesas?

6. Elizabete é dona de uma empresa que presta serviços de consultoria de informática. Ela fez uma proposta para o serviço em um hotel que deseja instalar computadores nos 320 quartos. Na sua proposta, que envolvia somente a mão de obra para realização do trabalho, foi orçada em R$ 65.000,00 a instalação da rede e dos switches e servidores, no prazo de um mês. Seu contrato foi aceito, porém os donos do hotel querem pagar o valor em 20 vezes, a um juro composto de 1% ao mês. Qual o montante da venda de serviços?

7. Carlos emprestou dinheiro para comprar uma máquina estampadora para produzir autopeças. A máquina custava R$ 40.000,00 à vista e como Carlos queria muito comprá-la, ele pegou dinheiro emprestado para pagar em 15 vezes, a uma taxa mensal de 2,8% em juro composto. Qual o valor do montante?

8. Qual compra terá o menor montante: uma máquina de R$ 10.000,00, pagando em dez prestações mensais iguais, com juro simples de 1,6%, ou comprar a mesma máquina em dez meses, a juro composto de 1,1%?

9. Qual compra terá o menor montante: uma máquina de R$ 20.000,00, pagando em 15 prestações mensais iguais, com juro simples de 2,1%, ou comprar a mesma máquina em 12 meses, a juro composto de 2,6%?

10. Para pagar o transporte de mercadorias do porto até uma indústria localizada em São Paulo, o gerente entrou no cheque especial, ficando negativo em R$ 10.000,00 por um mês a um juro mensal de 12%. Qual valor foi pago exatamente com um mês negativo?

Funções e o Plano Cartesiano

*"Quando duas ou mais coisas se relacionam,
variando uma, varia a outra."*

Provérbio Shitsuka

6.1 Funções

As funções surgem a partir de relações entre variáveis, nas quais um valor de uma grandeza é função do valor de outra grandeza. Mesmo que não ocorra a relação de proporcionalidade, haverá uma relação entre os valores ou grandezas que se chama função.

Uma função é como uma fórmula matemática, na qual o valor de uma variável depende do valor de outra.

Representa-se uma função da seguinte forma: $y = f(x)$.

Toda função tem um "domínio" que é a faixa de valores na qual a variável independente "X" pode variar, e uma "imagem" que é a faixa de valores na qual a variável dependente ou variável "Y" pode variar.

Note que Y pode ser qualquer variável já estudada, por exemplo, tensão (V), distância (D), preço (P) etc., cujo valor depende do valor da outra variável. E também "x" pode ser a outra variável, do tipo corrente elétrica (i), tempo (t) etc.

O valor de "x" varia num certo intervalo que é o chamado domínio. Os valores de Y variam num intervalo que é chamado de imagem.

6.1.1 Aplicações de funções

1. O salário do professor de um colégio depende do número de horas trabalhadas. A cada hora trabalhada ele recebe R$ 20,00. Mas, além dos ganhos, há também os descontos. Considera-se um desconto fixo de R$ 100,00 do estacionamento do veículo.

Resolução

Montando um quadro, pode-se notar a evolução dos valores.

Tabela 6.1 - Quadro do número de horas trabalhadas

Nº	Domínio (valores de horas trabalhadas, H)	Imagem (valores de salário calculados) S = 20 × H − 100
1	0	−100,00
2	1	−80,00
3	2	−20,00
4	10	100,00
5	50	900,00
6	80	1.500,00
7	100	1.900,00
8	150	2.900,00
9	180	3.500,00

O domínio de horas trabalhadas varia de 0 a 180 horas. Não há valores menores nem maiores que os da faixa de valores considerada.

Normalmente para professores se considera a "quinta semana", isto é, uma semana a mais destinada a preparar aulas e corrigir exercícios e avaliações. Por este motivo se multiplica por 4,5. Dessa forma, o número máximo de horas semanais, 40 horas, é multiplicado por 4,5 para obter o valor mensal: 180 horas mensais.

Com relação à imagem, ou contradomínio, ou os valores calculados, o intervalo varia (para a função considerada) entre R$ 0,00 e R$ 3.500,00. Não há valores maiores que este.

A função que representa esta situação é S = 20 × H − 100.

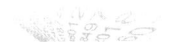

2. Numa loja de conveniência, o lucro obtido com a venda de sorvetes semanal é em função do número de picolés vendidos. Cada picolé é comprado por 30 centavos e vendido a R$ 1,00. Semanalmente, são pegos 200 picolés em consignação. Caso se venda o picolé, a loja também efetiva a compra da fábrica; caso não venda, também não paga. Os picolés não comercializados são retornados para a fábrica de picolés.

Resolução

O domínio é formado por valores que variam no intervalo entre 0 picolé vendido no mínimo e 200 picolés vendidos no máximo. Já a imagem é formada por valores situados no intervalo entre R$ 0,00 (quando não se vende nenhum picolé) e R$ 140,00 por semana.

Normalmente, a função é Lucro = receitas − despesas. No caso particular, a função é Lucro = 0,7 × picolés.

3. No lançamento de uma bola de futebol, ela segue uma equação para a distância alcançada, que é fornecida pelo estudo dos movimentos acelerados da física, e a equação ou função horária é:

$$S = S_o + V_o \times t + \frac{1}{2} \times t^2$$

Sendo:

- **S** o espaço percorrido em metros. É também a variável dependente, ou imagem.
- **So** o espaço ou posição inicial, quando se começa a marcar o tempo.
- **Vo** a velocidade inicial de lançamento da bola, em m/s.
- **t** o tempo medido em segundos.

Esse tipo de função de S = f(t) é uma equação do segundo grau, pois a variável "t" está elevada ao quadrado.

Nas situações reais, existem algumas funções que são válidas somente em alguns intervalos de domínio e imagem, denominadas descontínuas. Outras funções apresentam o que se denomina ponto de inflexão, isto é, até algum valor elas são crescentes e a partir de outros valores são decrescentes.

Exercícios propostos

1. O domínio são os valores que podem ser utilizados pela variável independente e a imagem é formada pelo conjunto de valores que pode ser assumido por qual variável?

2. A quantidade de gás consumida é função do número de pessoas que vêm almoçar num restaurante. Em média, existe um gasto de 0,5 m³ de gás por pessoa. A função do consumo total de gás é crescente ou decrescente com o número de pessoas que vêm ao restaurante?

3. Numa indústria de cimento, o material sai do forno e após resfriamento é colocado em sacos de 50 kg. A cada dez segundos a máquina produz um saco de cimento. Qual é a variável independente e o domínio? Qual é a variável dependente ou imagem e como essa função pode ser representada?

4. Um cirurgião-dentista atende por dia 30 pacientes, trabalhando das 8 às 17 horas, com intervalo das 12 às 13 horas. Em suma, ele trabalha oito horas. O valor cobrado de cada paciente é em torno de R$ 25,00. Ele tem gastos fixos de R$ 450,00 por dia para manter o consultório funcionando. Quanto o cirurgião fatura no final de um dia de trabalho extenuante? Existe alguma função envolvida que mostre quanto ele ganha por hora já considerando os descontos? Qual é o domínio e qual a imagem?

5. Um torno multifuso automático produz simultaneamente seis peças a cada 20 segundos, ou seja, 18 peças por minuto. Trinta por cento das melhores peças produzidas são destinadas a uma grande montadora de veículos. O restante das peças é vendido para o mercado de reposição de autopeças. Existe alguma função que mostre o número de peças enviadas para o mercado de reposição conforme o tempo de trabalho?

6. Um tecnólogo de rede cobra R$ 80,00 por ponto de rede instalado. Recentemente ele pegou o serviço em uma empresa na qual deve instalar 257 pontos de rede. Sendo o valor cobrado uma função, é função de quê? Qual é o domínio, qual a imagem e que faixas possuem?

7. A taxa de transmissão de um dispositivo de comunicação era de 56.200 bits por segundo ou bps. Qual a função envolvida e quanto tempo demora para fazer o download de um arquivo de 337.200 bits?

8. Uma empresa notou que tudo que colocava de um determinado produto (peças de outro) era comprado pelo mercado no tempo considerado. Começou colocando 1 kg de produto no primeiro mês, no segundo mês colocou 4 kg, no terceiro 9 kg, no quarto mês 16 kg, no quinto mês 25 Kg e manteve este tipo de comportamento por 30 meses seguidos até ocorrer um problema de recessão do mercado. Existe algum tipo de função? Qual é essa função? Qual é a variável independente? Qual a variável dependente? Qual o domínio e qual a imagem?

9. À medida que o tempo passa, Marcos, que é vendedor de produtos de informática, notou que os computadores, impressoras de HDs caíam de preço. Ele montou uma tabela para sua loja e concluiu que nos últimos anos o preço caiu em média 10% ao ano. Existe alguma função envolvida? Se existir, é função crescente ou decrescente? Qual a variável independente e qual a dependente?

10. O imposto de renda é calculado por meio de uma função na qual quem ganha abaixo de um determinado valor não paga imposto, quem ganha numa determinada faixa seguinte tem um imposto calculado de acordo com seus ganhos, ou seja, paga mais quem ganha mais. Saindo dessa faixa, a próxima possui uma porcentagem maior de impostos. Veja o quadro em seguida:

Base de cálculo mensal em R$	Alíquota %	Parcela a deduzir do imposto em R$
Até 1.434,59	-	-
De 1.434,60 até 2.150,00	7,5	107,59
De 2.150,01 até 2.866,70	15	268,84
De 2.866,71 até 3.582,00	22,5	483,84
Acima de 3.582,00	27,5	662,94

A alíquota porcentual é aplicada em cima do ganho da pessoa física.

Que tipo de função é a do cálculo do imposto de renda?

6.2 O plano cartesiano

É o plano do papel, ou plano no qual fazemos desenhos, criamos gráficos e figuras e também escrevemos.

Esse plano é constituído pelos eixos X e Y. O X denomina-se eixo das abscissas e o Y é o eixo das ordenadas. Esses eixos possuem ângulo de 90° entre si.

Cada ponto que se localiza no plano é formado por um par de valores, sendo um deles do eixo X e outro do eixo Y.

Os pontos correspondentes às funções podem ser lançados no plano cartesiano e, desta forma, podemos traçar gráficos de funções.

6.2.1 Quadrantes

Um plano cartesiano é dividido em quatro quadrantes, como ilustra a figura seguinte:

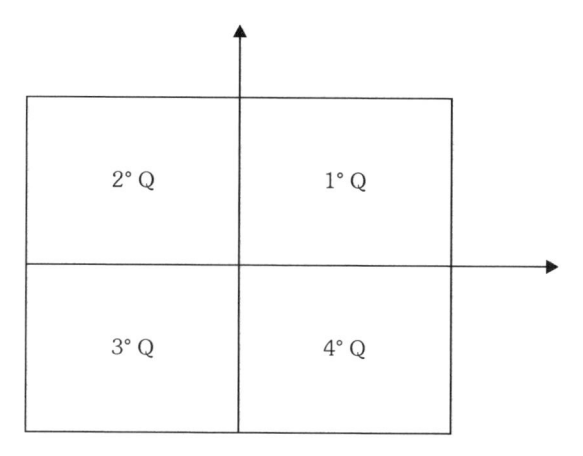

2° Q	1° Q
3° Q	4° Q

Aplicação

Dada a figura seguinte, localize a ilha de Marajó.

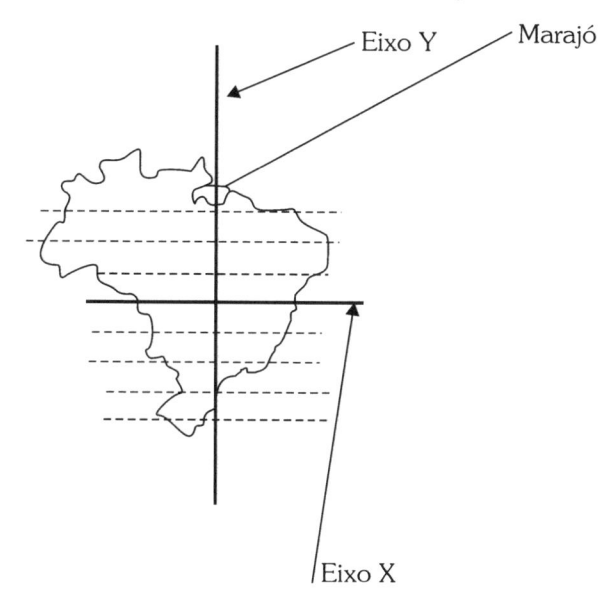

A ilha de Marajó no sistema cartesiano é cortada pelo eixo Y, portanto X = 0, e está localizada no eixo Y, a 3,5 de distância do eixo X. Logo, a sua posição nas coordenadas é ilha (0; 3,5).

Exercícios propostos

1. O que é o eixo das abscissas e que tipo de variável é colocado nele?
2. O que é o eixo das ordenadas e que tipo de variável é colocado nele?
3. O ponto A(3;3), se for espelhado para o segundo, terceiro e quarto quadrantes, que pontos gera?
4. Num galpão, colocaram-se um eixo no centro e coordenadas cartesianas para localizar produtos. Em relação às coordenadas dos pontos, localize-os no primeiro, segundo, terceiro ou quarto quadrantes:

    A (–3;2); B (5;–2); C (–1; –3); D (4; –3); E (3;5) e F (–2;6)
5. Determine a figura geométrica formada pelos pontos:

    A (2;5); B (–3; 5) e C (0;–3)
6. Tomando como base a sede de uma fazenda, que é a casa central do dono, traçaram-se coordenadas cartesianas, utilizando os eixos leste-oeste e norte-sul da bússola. Sabe-se que a porteira de entrada da fazenda está localizada na posição P (–1800;2500). Em que quadrante se localiza a porteira de entrada?
7. Localize os pontos seguintes no gráfico cartesiano X-Y:

    A (2;2); B (2;4); C (–2;–4); D (–3;–2); E (1,5)
8. Marque os pontos A (2;1) e B (5;6) e una os pontos por meio de uma reta.
9. Os pontos A (0;0), B (2;0), C (2;2) e D (2;0) definem uma figura. Que tipo de figura?
10. Cada ponto num plano cartesiano possui um par de valores X e Y associados, isto é, alguma coisa do tipo A (X,Y). Ocorre que, pelas funções, X e Y estão relacionados um ao outro. Qual é a variável dependente e qual é a variável independente? Qual ficará no eixo das abscissas e qual ficará nas ordenadas?

Funções do Primeiro e Segundo Graus

7.1 Funções do primeiro grau

Uma função do primeiro grau possui o formato:

f(x) = ax + b, em que a e b são números reais, X é valor do domínio e F(x) imagem.

As funções do primeiro grau possuem gráficos com o formato de retas. O valor positivo de "a" indica que a reta sobe ou é crescente, "a" negativo significa que a reta é decrescente. À medida que o parâmetro "b" positivo aumenta, a reta vai mais para cima.

Quando o valor de "b" é igual a zero, ou seja, b = 0, o gráfico da função passa pela origem dos eixos do plano cartesiano. Veja a ilustração a seguir para a função Y = X, válida para todo intervalo de números reais. Observe que o gráfico passa pela origem dos eixos das abscissas e das ordenadas:

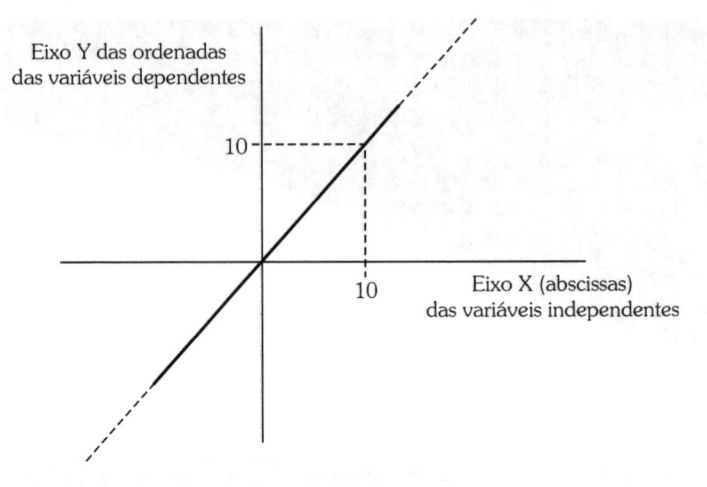

Figura 7.1

Os valores de X e Y são iguais, como exemplificado pelo valor X = 10 e Y = 10.

Se a função fosse Y = –X, seria decrescente, como ilustra a figura seguinte que também mostra dois valores, sendo um para X = –10 e outro para X = –8 e seus respectivos Y = 10 e Y = –8:

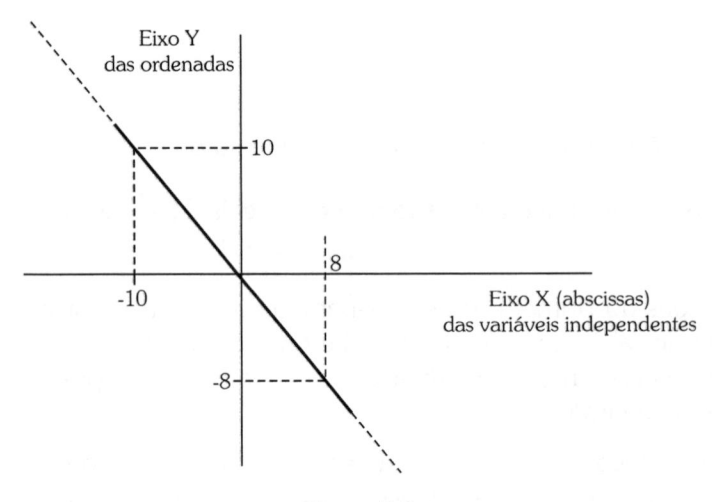

Figura 7.2

Caso o parâmetro "b", que entra na fórmula geral da equação do primeiro grau, seja negativo, a reta toda desce, paralela à reta original.

Veja um exemplo de aplicação no exercício seguinte:

Um soldador ganha um salário de R$ 9,50/hora. Ele trabalha mensalmente um número de horas que varia entre um mínimo de 10 e um máximo de 250 h.

Além do salário, ele tem um adicional de ajuda de custo denominado "b". Crie uma tabela que apresente o salário conforme o número de horas trabalhadas em três condições: 1ª) b = nenhuma; 2ª) b = R$ 233,15 e 3ª) c = – R$ 100,00.

Resolução

Considerando salário (S), será uma variável dependente do número de horas trabalhadas (h), da seguinte forma: F (h) = S = 9,50 × h.

1. Na primeira condição, a equação será S = 9,5 × h, pois não há nenhum bônus para somar. Teremos a seguinte tabela, para alguns valores aleatórios de horas, apenas com a finalidade de demonstração:

h (em horas)	S (em reais) = 9,5 × h
10	S = 9,5 × 10 = R$ 95,00
11	S = 9,5 × 11 = R$ 104,50
25	S = 9,5 × 25 = R$ 237,50
60	S = 9,5 × 60 = R$ 570,00
175	S = 9,5 × 175 = R$ 1.662,50
200	S = 9,5 × 200 = R$ 1.900,00
250	S = 9,5 × 250 = R$ 2.375,00

Observe a Figura 7.3. Trata-se de um gráfico que ilustra esta função do primeiro grau que é uma reta.

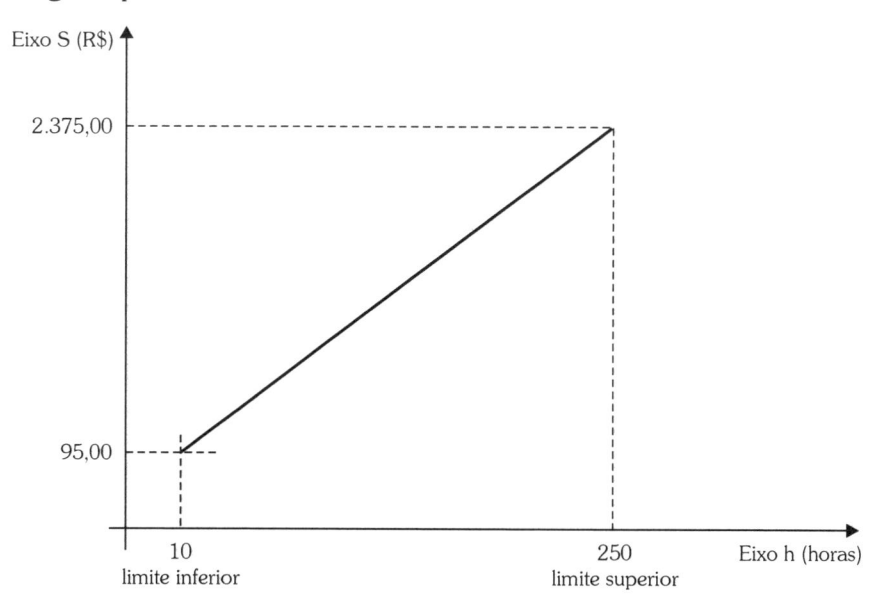

Figura 7.3 - Reta da equação S = 9,5 × h original.

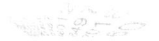

Funções do Primeiro e Segundo Graus

2. Já na segunda condição a equação fica assim: $S = 9,5 \times h + 233,15$, pois não há bônus acrescentado ao valor de 233,15. Teremos a seguinte tabela, para alguns valores aleatórios de horas, apenas com a finalidade de demonstração:

h (em horas)	S (em reais) = $9,5 \times h$
10	$S = 9,5 \times 10 + 233,15 =$ R$ 328,15
11	$S = 9,5 \times 11 + 233,15 =$ R$ 337,65
25	$S = 9,5 \times 25 + 233,15 =$ R$ 470,65
60	$S = 9,5 \times 60 + 233,15 =$ R$ 803,15
175	$S = 9,5 \times 175 + 233,15 =$ R$ 1.895,65
200	$S = 9,5 \times 200 + 233,15 =$ R$ 2.133,15
250	$S = 9,5 \times 250 + 233,15 =$ R$ 2.608,15

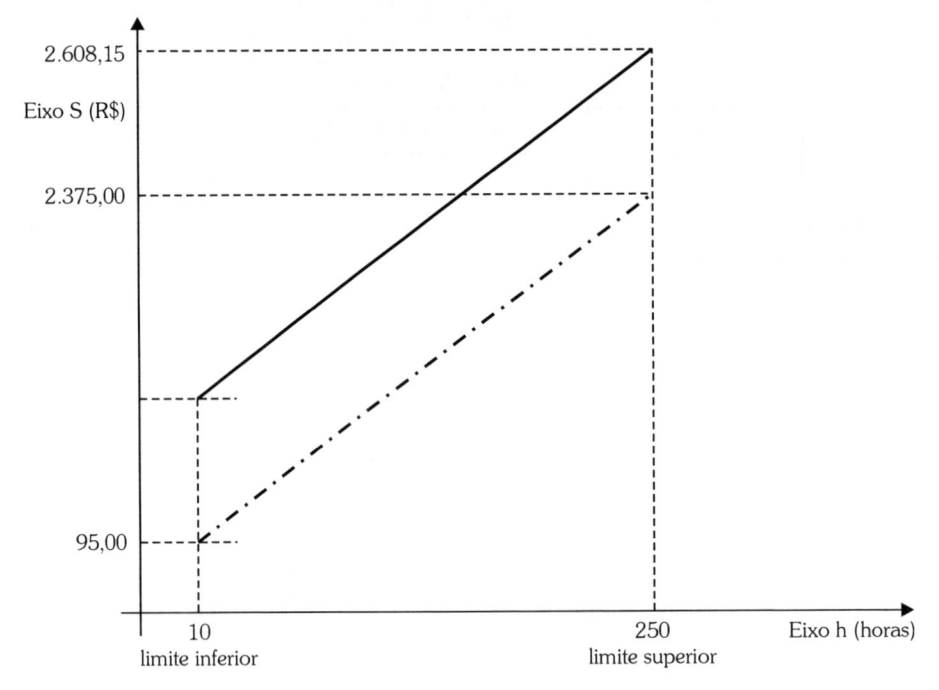

Figura 7.4 - Reta da equação $S = 9,5 \times h + 233,15$ (reta cheia), comparada com a reta $S = 9,5 \times h$ (linhas de ponto e traço).

A Figura 7.4 mostra que, com um valor de b = 233,15, a reta sobe em cada ponto, nesta quantidade de R$ 233,15, ou seja, cria-se uma reta paralela, somada deste valor em relação à reta anterior que foi representada em linha com pontos e traços, para fins de comparação.

3. Para a terceira condição a equação fica assim: S = 9,5.h − 100, pois há um "bônus negativo", ou melhor, um desconto para diminuir, no valor de R$ 100,00. Teremos a seguinte tabela, para alguns valores aleatórios de horas, apenas com a finalidade de demonstração:

h (em horas)	S (em reais) = 9,5 × h
10	S = 9,5 × 10 − 100,00 = R$ −5,00
11	S = 9,5 × 11 − 100,00 = R$ 4,50
25	S = 9,5 × 25 − 100,00 = R$ 137,50
60	S = 9,5 × 60 − 100,00 = R$ 470,00
175	S = 9,5 × 175 − 100,00 = R$ 1.562,50
200	S = 9,5 × 200 − 100,00 = R$ 1.800,00
250	S = 9,5 × 250 − 100,00 = R$ 2.275,00

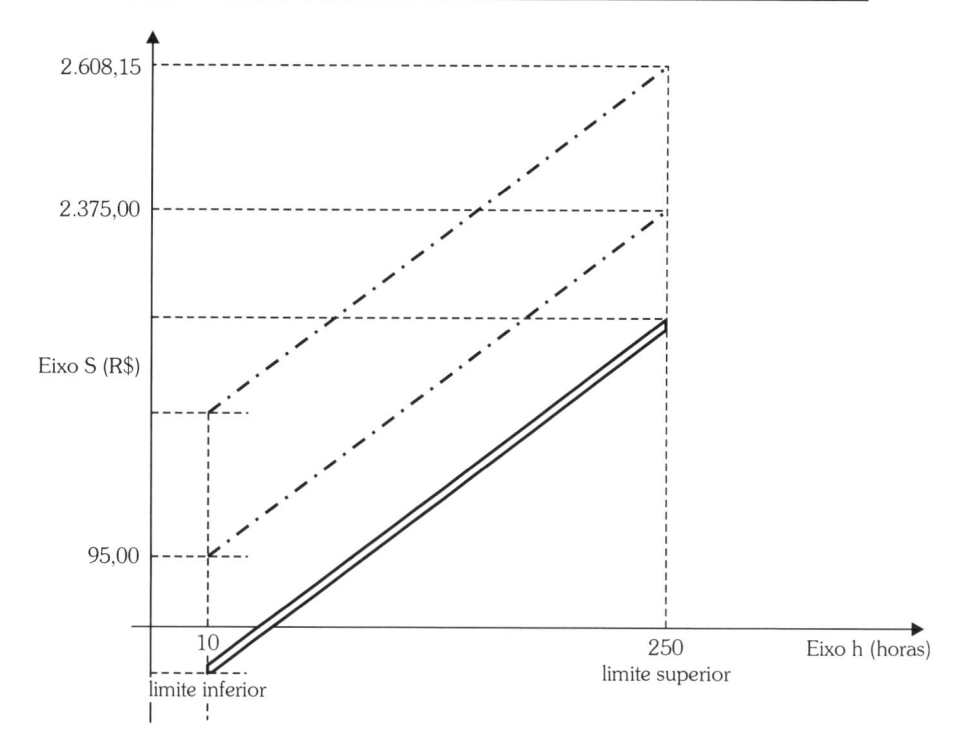

Figura 7.5 - Reta da equação S = 9,5 × h − 100 (linha dupla), comparada com as retas de: S = 9,5 × h + 233,15 e S = 9,5 × h (linhas de ponto e traço).

A Figura 7.5 mostra que, com um valor de b = −100,00, a reta desce em relação à original que é a primeira, ou seja, cria-se uma reta paralela, diminuída, em cada ponto, do valor R$ −100,00.

7.2 Funções do segundo grau

Uma equação do segundo grau possui o formato algébrico:

$Ax^2 + Bx + C = 0$, em que A, B e C são números reais, X é um valor do domínio e F(x) da imagem.

A equação do segundo grau gera um gráfico que apresenta uma curva denominada parábola. Se A é maior que zero, isto é, $A > 0$, então a parábola possui a concavidade voltada para cima; já se $A < 0$, a concavidade da curva é voltada para baixo, como ilustra a Figura 7.6.

Ponto de máximo da curva parabólica da equação do segundo grau

Ponto de mínimo da parábola

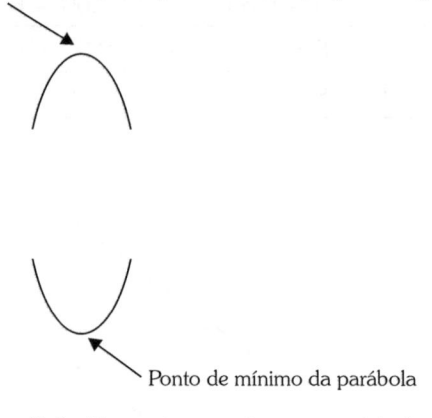

Figura 7.6 - Na parte superior, concavidade para baixo e na parte inferior, concavidade para cima.

As equações do segundo grau são muito utilizadas em problemas econômicos de empresas. Em geral, esses problemas estão relacionados com custos empresariais ou industriais. Outra aplicação muito forte está relacionada com problemas de balística e de trajetória de cometas para as ciências astronômicas.

Numa equação do primeiro grau, existe uma raiz que é o único valor que faz com que a equação fique igual a zero.

Numa equação do segundo grau, podem existir dois valores das raízes, isto é, valores de X que fazem com que a equação seja igual a zero.

Numa equação do terceiro grau, pode haver três valores de raízes etc.

Segue a regra de Báskara para equações do segundo grau:

1. Existe uma variável denominada delta e que é calculada:

$$\text{delta} = B^2 - 4 \times A \times C$$

2. Se delta < 0, então não existem raízes.

3. Se delta = 0, só existirá uma raiz, X1 = X2.

4. Se delta > 0, existirão duas raízes, X1 e X2.

5. Se delta > 0, então:

    ➥ X1 = (–B – raiz (delta)) / (2 × A);

    ➥ X2 = (–B + raiz (delta)) / (2 × A).

Para uma equação do segundo grau, o ponto de máximo ou ponto de mínimo de uma parábola é formado por dois pontos Máx (X,Y), e é calculado por:

$$\text{Máx}(-B/(2 \times A); -\text{delta}/(4 \times A))$$

Exercícios propostos

1. O preço do barril de petróleo, em dólares, no final do ano variou entre setembro (x = 1), outubro (x = 2), novembro (x = 3) e dezembro (x = 4), de acordo com a seguinte equação: preço = 140 – 25x. Qual o valor no mês de dezembro? A função é crescente?

2. Um técnico de mineração foi realizar uma pesquisa mineral no fundo de uma lagoa profunda. Para alcançar a região mais profunda da lagoa, na qual há uma jazida mineral, o técnico usou um escafandro (roupa de mergulhador) e um aparelho para medir a pressão à medida que ele submergia. Ele montou a seguinte equação: p = 1 + 0,1 × X, em que p é a pressão em atmosferas e X é a quantidade de metros, a partir do nível da água na lagoa, que é tomada como sendo zero e aumenta no sentido da profundidade, numa escala voltada para baixo. Essa função é crescente? Qual a pressão a 15 m de profundidade?

3. Um tecnólogo de telecomunicações arrumou um emprego na área de vendas de equipamentos eletrônicos. A empresa paga um valor fixo de R$ 4.000,00 mais uma comissão de 5% sobre o valor de cada produto comercializado. Sendo X o valor total dos equipamentos que ele vendeu mensalmente, qual será a função do seu salário em relação ao valor vendido?

4. Um reservatório de combustível com capacidade de 900.000 litros é cheio por uma mangueira cuja vazão é de 600 litros/minuto de modo contínuo. Como é a função de enchimento? Qual é o domínio e o contradomínio?

5. Como a função anterior e o domínio e imagem ficam alterados se o reservatório já contiver 500.000 litros quando se começar a encher com a mangueira cuja vazão é 600 litros/minuto?

6. Um professor que ganha um valor de hora/aula de R$ 30,00, mas que possui um desconto de 8% do valor bruto (SB) de INSS, qual o valor da função salário (SR)?

7. As vendas de materiais de uma empresa crescem a uma taxa de 10% ao mês a partir da venda de janeiro que foi de R$ 100.000,00. Qual o valor da venda em dezembro? Qual o domínio da função, a imagem e a equação?

8. No Brasil se utiliza a escala de temperatura em graus centígrados. Já em outros países, como é o caso dos EUA, muitas vezes se usa a escala Fahrenheit. Existe uma função que relaciona a temperatura em graus centígrados com a temperatura em graus Fahrenheit? Pesquise e informe o domínio e a imagem.

9. No lançamento oblíquo de um foguete, ele seguiu uma trajetória parabólica durante o seu percurso até cair numa região distante do deserto. A trajetória do foguete seguia a equação $S = S_o + v_o \times t - 2a \times t^2$, em que:

    ➥ Se $S_o = 0$ km; $v_o = 2.500$ k/m; $a = 200$ km/h^2.

    ➥ **S** é a posição em km.

    ➥ S_o é a posição inicial de lançamento.

    ➥ **t** é o tempo em qualquer instante desde o lançamento até a queda do foguete, em horas.

    ➥ v_o é a velocidade inicial do foguete em km/h.

    ➥ **a** é a aceleração do movimento em km/h^2.

    Qual é o ponto de máximo do trajeto?

10. Numa empresa, o tempo de fabricação de um produto depende da quantidade de funcionários envolvidos. Descobriu-se que esse tempo segue uma curva que é uma parábola com a concavidade voltada para cima. Ocorre que o tempo de mínimo é muito interessante para os proprietários da empresa. Qual é esse tempo mínimo?

    Dada: $t = Ax^2 + Bx$

    Sendo:

    ➥ t = tempo de fabricação do produto em horas

    ➥ x = número de funcionários envolvidos na produção

    ➥ A = 8

    ➥ B = 5

    ➥ C = 9

8

Logaritmos

Logaritmo é o valor do expoente de uma exponenciação ou a função inversa da exponenciação.

Ele é representado pela palavra "log". Cada logaritmo recebe na parte interior uma base, a qual denominamos "b", e um logaritmando que denominamos "c". O valor do logaritmo é "X". Matematicamente, podemos dizer que:

Lê-se "logaritmo de C na base b é igual a X".

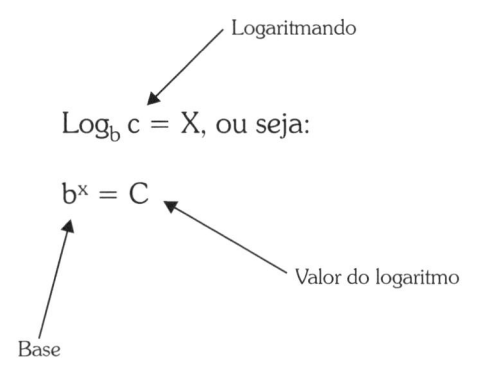

$Log_b\ c = X$, ou seja:

$b^x = C$

- Logaritmando
- Base
- Valor do logaritmo

Exemplos

1. $Log_3\ 27 = 3$, pois: $3^3 = 27$
2. $Log_2\ 32 = 5$, pois: $2^5 = 32$
3. $Log_{10}\ 5 = 0{,}698987$, pois: $10^{0{,}698987} = 5$

Algumas regras importantes de logaritmos são:

- Log a + Log b = Log a × b
- Log a − Log b = Log a/b
- Quando não se coloca a base, normalmente se considera como sendo a base 10. Por exemplo, Log 1 = 0, ou seja, $10^0 = 1$, pois qualquer número elevado a zero é igual a 1.

Exercícios propostos

1. "Em 1935, para comparar os tamanhos relativos dos sismos, Charles F. Richter, sismólogo americano, formulou uma escala de magnitude baseada na amplitude dos registros das estações sismográficas. O princípio básico da escala é que as magnitudes sejam expressas na escala logarítmica, de maneira que cada ponto na escala corresponda a um fator de dez vezes na amplitude das vibrações. Por isso é usado o logaritmo de base 10, que classifica cada grau da escala em 1, 2, 3... em vez de falar 10, 100, 1000..., o que dificultaria mais o processo para o cálculo" (HENRIQUE, 2006).[17]

   Magnitude e energia podem ser relacionadas pela fórmula descrita por Gutenberg e Richter em 1935:

   $$Log\ E = 11,8 + 1,5\ M$$

   Sendo:

   - E = energia liberada em ergs (erg é uma unidade de energia. Joule ou "J" também é outra unidade de energia. Para converter um tipo de unidade em outro, existe a relação seguinte: 1 erg = 10^{-7} J)
   - M = magnitude do terremoto

   Qual o valor da base? Qual é o logaritmando? Qual é o logaritmo?

2. Segundo Henrique (2006), uma das fórmulas utilizadas no estudo dos abalos sísmicos é:

   $$M_L = log A - log\ A_0$$

   Sendo:

   - A = amplitude máxima medida no sismógrafo
   - A_0 = uma amplitude de referência

---

[17] HENRIQUE, Cinthia AP. Logaritmos e Terremotos: Aplicação da escala logarítmica nos abalos sísmicos. UNIMESP - Centro Universitário Metropolitano de São Paulo, nov. 2006. Disponível em: http://www.cdb.br/prof/arquivos/76295_20080603084510.pdf, visitado em: 26 jan. 2009.

Como é possível representar de modo mais resumido esta fórmula, juntando os dois logaritmos separados pelo sinal de menos?

3. O pH é a medida da acidez ou basicidade de uma substância. Numa solução determinada, o pH é dado em função da concentração de íons de hidrogênio H⁺, na unidade mols por litro de solução (mols/litro), pela expressão:

$$pH = \log\left(\frac{1}{[H^+]}\right)$$

Calcular o pH de uma solução que tem $[H^+] = 2,0 \times 10^{-9} \times$ (DEBUS[18]).

Dado que: $(\log 0,5) = -0,301$, $(\log 10^9) = 9 \times (\log 10)$ e $(\log 10) = 1$.

4. Utilizando os dados da questão anterior, calcule o valor de H⁺ (ou seja, da concentração de H⁺) para uma solução que tem pH = 3 (DEBUS[23]).

5. (UFOP-MG/2005 modif.) Numa análise experimental, a desintegração de certo material radioativo é dada por:

$$D(t) = D_0 \times 10^{-kt}$$

Em que t é medido em dias e k é uma constante positiva.

Após o início da análise, utilizando uma amostra de 500 gramas, em dois meses a massa do material radioativo reduziu-se a 31,25 gramas.

Calcule a massa do material radioativo para t =15 dias.

6. (PUC-SP modificada)[19] A energia nuclear, derivada de isótopos radioativos, pode ser usada em veículos espaciais para fornecer potência. Fontes de energia nuclear perdem potência gradualmente no decorrer do tempo. Isso pode ser descrito pela função exponencial:

$$P = P_0 e^{-\frac{t}{250}}$$

na qual P é a potência instantânea, em watts, de radioisótopos de um veículo espacial; P_0 é a potência inicial do veículo; t é o intervalo de tempo, em dias, a partir de $t_0 = 0$ e é a base do sistema de logaritmos neperianos. Nessas condições, quantos dias são necessários, aproximadamente, para que a potência de um veículo espacial se reduza à quarta parte da potência inicial?

Dado: Ln 2 = 0,693

---

[18] FRANÇA, Michele Viana Debus de. A calculadora e os logaritmos. Especial para a página 3 Pedagogia & Comunicação. Disponível em: http://educacao.uol.com.br/planos-aula/ calculadora-logaritmos.jhtm, visitado em: 26 jan. 2009.
[19] PUC-SP. Prof. Marcelo Renato. TQD 04 - Matemática 1 - Exponenciais - Logaritmos. Disponível em: http://www.marcelorenato.com/darwin_2006/tqd_2005/tqd04/04TQD2005Q.pdf, visitado em: 26 jan. 2009.

7. (Unicamp-SP/2004)[20] A função $L(x) = ae^{bx}$ fornece o nível de iluminação, em luxes, de um objeto situado a x metros de uma lâmpada. Calcule os valores numéricos das constantes a e b, sabendo que um objeto a 1 metro de distância da lâmpada recebe 60 luxes e que um objeto a 2 metros de distância recebe 30 luxes.

8. Continuação da questão anterior. Considerando que um objeto recebe 15 luxes, calcule a distância entre a lâmpada e esse objeto.

9. (UF-CE)[21] Suponha que o crescimento populacional de duas cidades, A e B, seja descrito pela equação:

$$P(t) = P_0 \times e^{kt}$$

Em que:
- P_0 é a população no início da observação;
- k é a taxa de crescimento populacional na forma decimal;
- t é o tempo medido em anos;
- e é a base do logaritmo natural;
- P(t) é a população t anos após o início da observação.

Se no início da observação a população da cidade A é o quíntuplo da população da cidade B, e se a taxa de crescimento populacional de A permanece em 2% ao ano e a de B em 10% ao ano, em quantos anos, aproximadamente, as duas cidades possuirão o mesmo número de habitantes? Considere Ln 5 = 1,6.

10. Segundo Henrique (2006), uma das fórmulas usadas para terremotos de longas distâncias é da magnitude MS:
- MS = magnitude do terremoto na escala Richter
- A = amplitude do movimento da onda registrada no sismógrafo (em μ m)
- f = frequência da onda (em hertz)

A margem de erro na medição de um terremoto é de 0,3 ponto, para mais ou para menos. A escala MS só é aplicada para sismos com profundidades menores de ~50 km. Sismos mais profundos geram relativamente poucas ondas superficiais e sua magnitude ficaria subestimada. Nesses casos, são usadas outras fórmulas para a onda P. Suponhamos que um terremoto teve como amplitude 1.000 micrômetros e a frequência a 0,1 Hz. Qual a magnitude, MS, desse terremoto no local onde está instalado o sismógrafo? Dado que MS = log (A × f) + 3,3.

---

[20] UNICAMP-SP, 2004. . Prof. Marcelo Renato. TQD 04 - Matemática 1 - Exponenciais - Logaritmos. Disponível em: http://www.marcelorenato.com/darwin_2006/tqd_2005/tqd04/04TQD2005Q.pdf, visto em: 26 jan. 2009.

[21] UF-CE. Prof. Marcelo Renato. TQD 04 - Matemática 1 - Exponenciais - Logaritmos. Disponível em: http://www.marcelorenato.com/darwin_2006/tqd_2005/tqd04/04TQD2005Q.pdf, visitado em: 26 jan. 2009.

9

Gráficos, Construção de Gráficos e Gráficos Estatísticos

"Uma imagem vale por mil palavras."
Antigo ditado chinês

9.1 Gráfico

Um gráfico possui a finalidade de facilitar a visualização de dados e informações para os usuários. Dados e informações frequentemente são gerados, coletados e armazenados de alguma forma, como é o caso de tabelas. Já iniciamos anteriormente, no capítulo 6, com o plano cartesiano, a construção de alguns gráficos simples. Neste capítulo damos continuidade à construção de gráficos e avançamos nos gráficos estatísticos computacionais que são elaborados por meio de ferramentas como é o caso das planilhas eletrônicas.

Gráfico é a representação dos dados ou informações por meio de diagrama.

Um gráfico pode ser usado para representar grandezas.

A tabulação, isto é, a classificação em tabelas, já ajuda um pouco a interpretação dos dados, porém é um trabalho anterior à construção de um gráfico e nem sempre é suficiente para visualizar informações importantes. Para interpretar melhor dados numéricos, uma das ferramentas mais poderosas é o gráfico.

Normalmente, para analisar um gráfico, é necessário entender como ele foi construído, observar claramente o que consta nos eixos, o que está escrito nas legendas, os tamanhos das figuras que aparecem nos gráficos e as tendências apresentadas.

Existem muitos tipos diferentes de gráficos e cada vez mais o leitor precisa estar preparado para lidar com eles, seja construindo ou interpretando-os.

9.1.1 Construção manual de gráficos

Os gráficos manuais devem ser construídos seguindo as orientações:

a) Ver os maiores valores que serão lançados para posicioná-los como extremo da escala e desta forma definir a escala a ser utilizada (centímetros, metros, quilômetros etc.).

b) Colocar a variável independente no eixo da horizontal.

c) Colocar a variável depende no eixo vertical.

d) Lançar os pontos no gráfico. Traçar a curva, passando próximo aos pontos marcados.

e) Interpretar os resultados.

Exemplo de aplicação

Construa um gráfico com os dados da tabela apresentada em seguida. A quantidade de peças produzidas numa máquina depende do tempo que se trabalha. O trabalho depende do operador, pois parte da operação é na máquina, mas o carregamento da matéria-prima e o ajuste da máquina dependem do operador. Um levantamento realizado resultou no seguinte quadro:

Ponto a ser lançado	Tempo de uso da máquina (minutos)	Número de peças processadas
1	2	4
2	5	7
3	7	10
4	10	23
5	15	30
6	20	37
7	25	49

Trace um gráfico plano a partir dos dados da tabela.

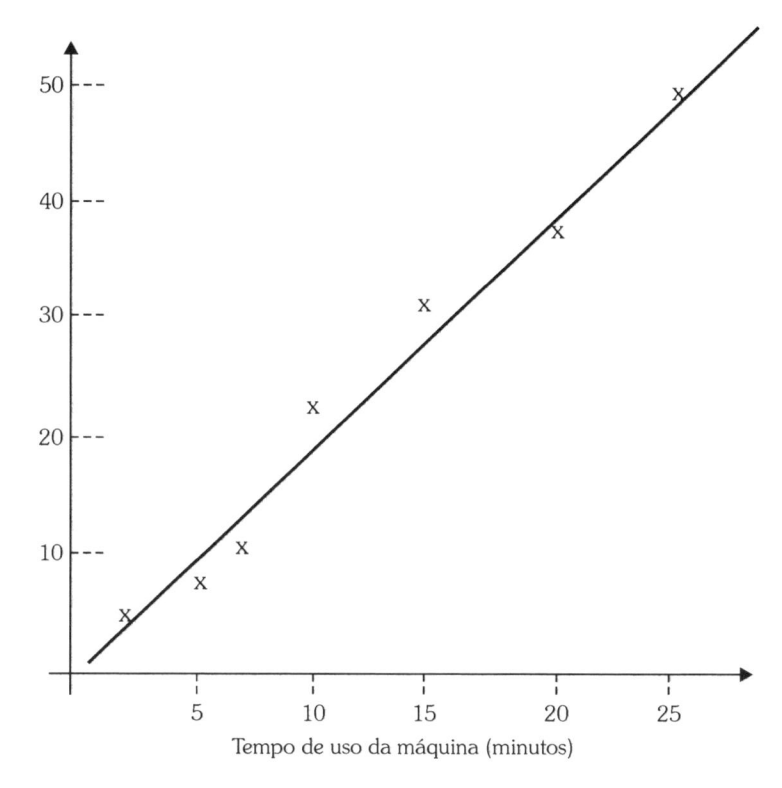

Tempo de uso da máquina (minutos)

Observe a linha média que foi traçada próxima aos pontos.

9.1.2 Construção de gráficos com ferramentas computacionais e os gráficos estatísticos

A finalidade dos gráficos, como vimos, é apresentar informações visuais que possam ser utilizadas pelo usuário para tomar decisões.

Para construir gráficos utilizando ferramentas computacionais, além dos dados, é preciso ter uma visão de como organizá-los e também uma ferramenta.

Nos exemplos seguintes utilizou-se a ferramenta planilha eletrônica para construção de gráficos.

Pode ser interessante aprender a construção de gráficos em aplicativos de planilhas eletrônicas, como é o caso do Excel (aplicativo proprietário, fabricado pela empresa americana Microsoft Co.), ou então ferramentas livres como a planilha eletrônica do Open Office ou também do Google Docs, ou até mesmo ferramentas menos conhecidas, mas também muito boas, como Quattro Pro e Lotus 123 ou planilhas do Star Office.

9.1.2.1 Tipos de gráficos computacionais/estatísticos[22]

- **Barras (barras deitadas):** comparar quantidades entre itens individuais.
- **Coluna (barras de pé):** comparar quantidades entre itens individuais.
- **Setores ou pizza:** quantidades que mudam com o tempo.
- **Linhas ou segmentos:** mostrar tendência nas informações em intervalos iguais.
- **Área:** enfatizar a dimensão da mudança ao longo do tempo.
- **Rosca:** mostrar o relacionamento das partes como o todo.
- **Cone:** dar efeito especial dos gráficos de barra e coluna em terceira dimensão.
- **Cilindro:** dar efeito especial dos gráficos de barra e coluna em terceira dimensão.
- **Pirâmide:** dar efeito especial dos gráficos de barra e coluna em terceira dimensão.
- **Superfície:** usar quando se deseja mostrar condições de vantagens entre dois conjuntos de dados.
- **Radar:** comparar valores agregados de várias séries de dados.
- **Bolhas:** é um tipo de gráfico de dispersão.
- **Dispersão (xy):** usar quando se deseja mostrar a relação entre valores numéricos em várias séries de dados. É usado para representar dados científicos.

Veja, em seguida, exemplos de aplicações de gráficos em situações reais.

---

[22] Os gráficos apresentados neste capítulo foram construídos com a ferramenta MS-Excel que é marca registrada da empresa norte-americana Microsoft Co.

9.1.2.1.1 Barras

Notas de quatro alunos (A, B, C e D) nas disciplinas de matemática e de lógica.

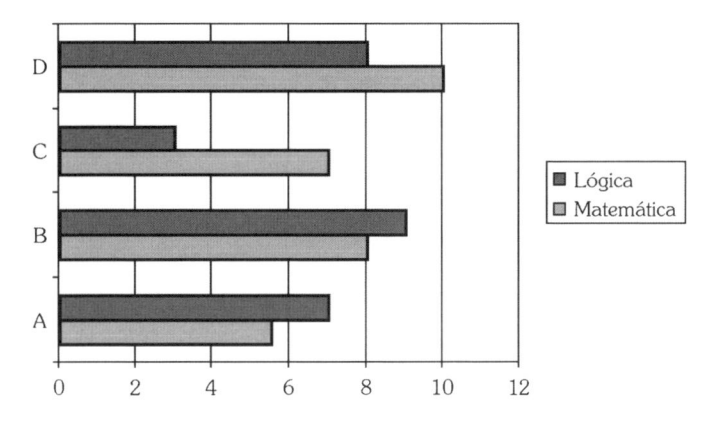

9.1.2.1.2 Coluna

Comparação da avaliação de quatro professores (A, B, C e D) nos itens pontualidade, conhecimento e relacionamento.

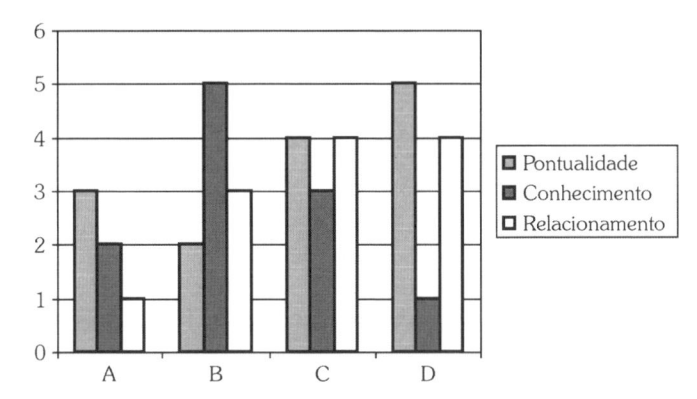

9.1.2.1.3 Setores ou pizzas

Quantidade de alunos matriculados nos cursos de Redes, TI, Marketing, Logística e Gestão Imobiliária numa faculdade y.

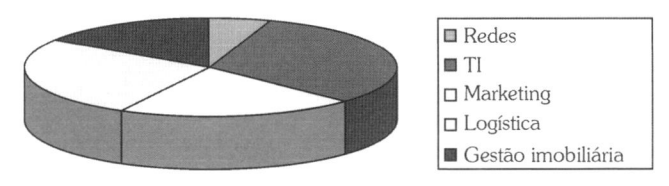

9.1.2.1.4 Linhas ou segmentos

A venda de computadores, impressoras e disquetes na loja X entre os meses de janeiro, fevereiro e março de 2009 apresentou, respectivamente, os seguintes valores: 28, 35 e 62 (computadores), 17, 28 e 57 (impressoras) e 100, 60 e 10. Será que conseguimos observar alguma tendência nesses números e fazer uma previsão das vendas para o mês de abril?

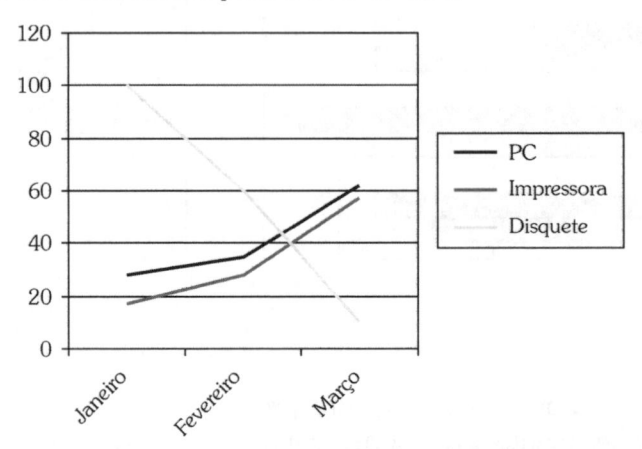

Sim, podemos observar que a venda de computadores e impressoras está crescendo e mais ou menos no mesmo nível, ou seja, quem compra computador, compra impressora, enquanto a venda de disquetes está diminuindo, e não compensa investir em estoques de disquetes.

9.1.2.1.5 Área

Vendas de produtos nos estados de Minas Gerais, Sergipe, Piauí e Fortaleza, nos anos de 1999, 2000 e 2001. O gráfico de área mostra as vendas nos estados nos respectivos anos. Veja o estado do Piauí que teve um aumento de vendas.

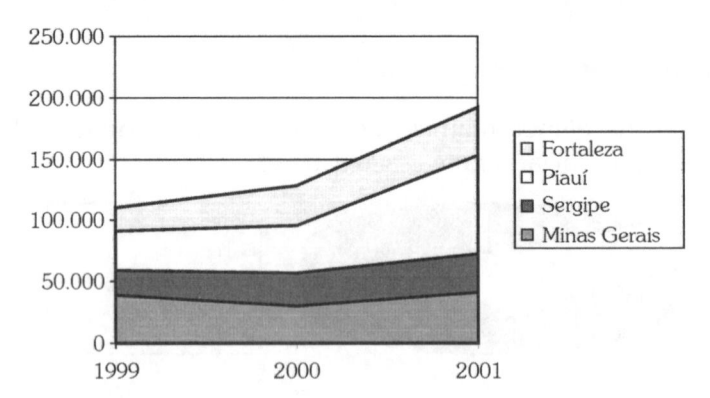

9.1.2.1.6 Rosca

Quantidade de alunos masculinos e femininos matriculados nos cursos de Redes, TI, Marketing, Logística e Gestão Imobiliária numa faculdade y.

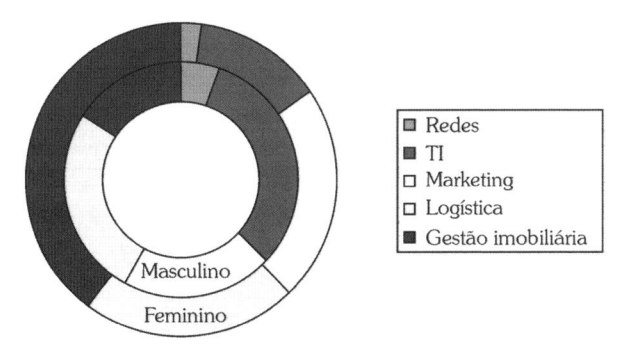

9.1.2.1.7 Cone, cilindro e pirâmide

Utilizando o mesmo exemplo de coluna: comparação da avaliação de quatro professores nos itens pontualidade, conhecimento e relacionamento.

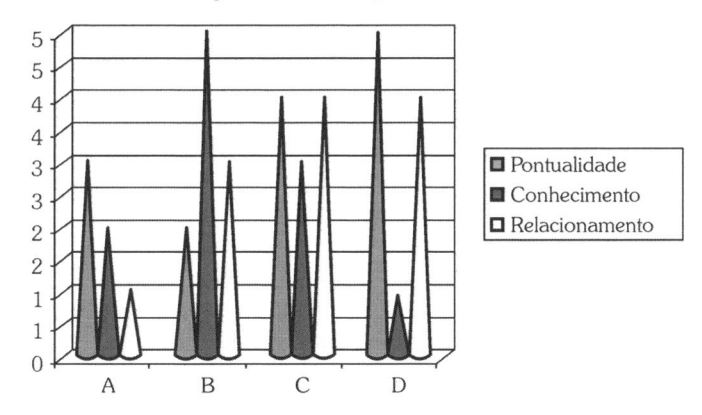

9.1.2.1.8 Radar

Representar vendas efetuadas por cinco vendedores para dois produtos diferentes.

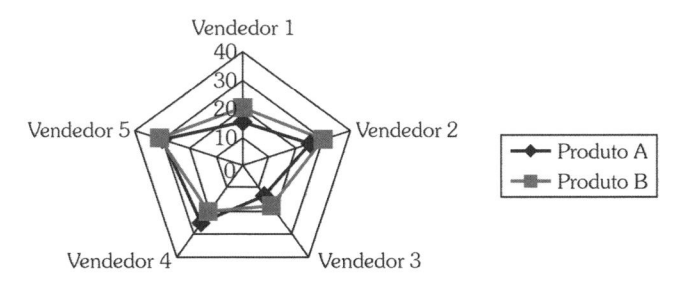

9.1.2.1.9 Bolha

Uma loja tem quatro vendedores. No mês de dezembro, o vendedor x vendeu 43 produtos da loja. Ele fez a maior venda em quantidade, e não em valores. E o vendedor 4 fez a menor venda em quantidade de produtos, só que o valor da venda foi o maior de todos. Portanto, quem fez a melhor venda foi o vendedor 4. A bolha maior do gráfico seguinte representa o vendedor 3, aquele que fez a maior venda em quantidade de produtos.

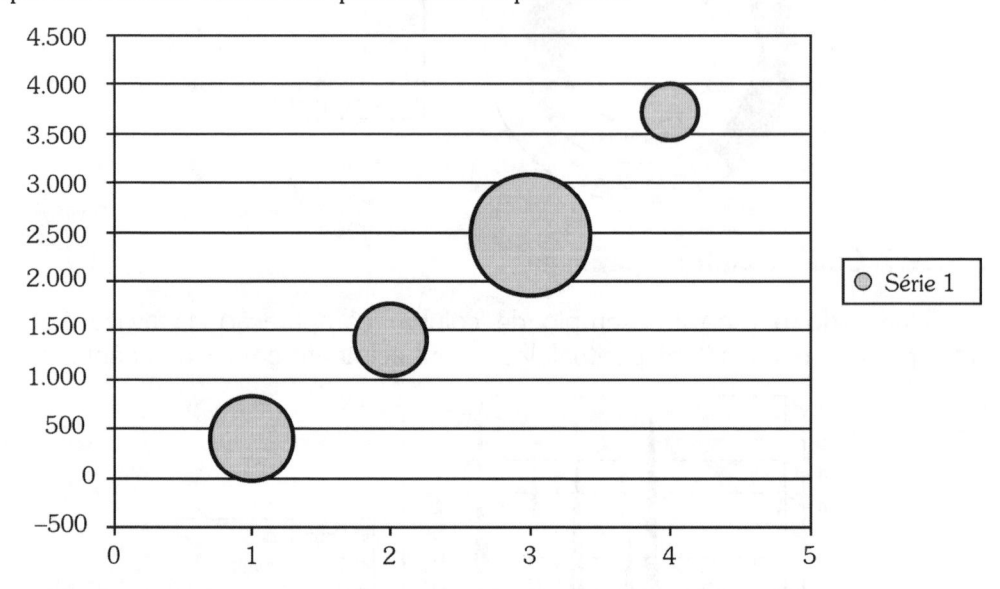

9.1.2.1.10 Dispersão (xy)

Considerando o levantamento entre idades e alturas médias de alunos de algumas comunidades, chegou-se aos seguintes valores:

- **Idade:** 7 - 7,5 - 8 - 8,5 - 9 - 10 - 11 - 12
- **Altura média (centímetros):** 57 - 95 - 102 - 101 - 110 - 150 - 179
- **Altura prevista (centímetros):** 60 - 65 - 102 - 105 - 110 - 120 - 160 - 170

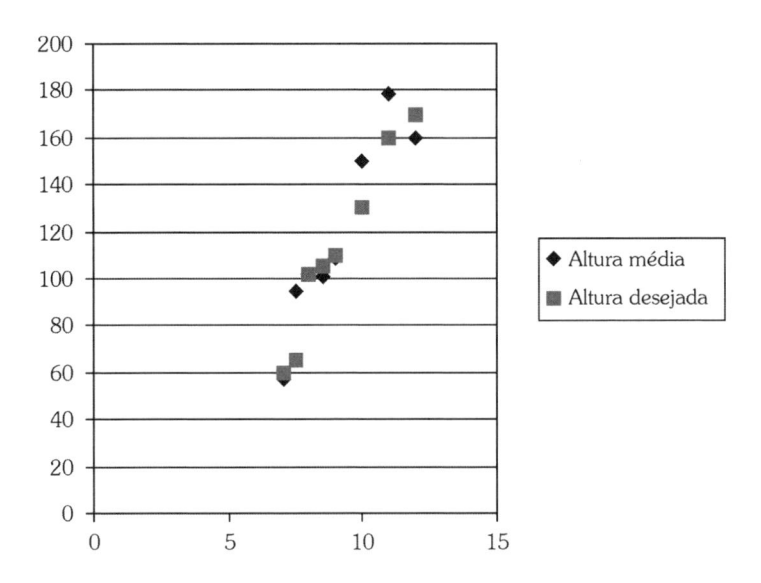

Exercícios propostos

1. Numa indústria se tira uma amostra de peças que estão sendo fabricadas continuamente, a cada dez minutos. Elas são medidas com balança de precisão até a casa dos décimos. Trace um gráfico de dispersão (xy) conforme os dados a seguir:

Tempo (min)	Peso (kg) medido	Peso desejado
8:00	5	5,5
8:10	5,1	6,0
8:20	5,5	6,5

2. Num levantamento realizado em um curso de tecnologia, no segundo semestre do ano de 2009, as notas de duas disciplinas para cinco alunos estão na tabela seguinte. Pede-se a criação de um gráfico de radar para apresentar a situação observada.

Alunos	Redes de computadores	Peso desejado
AlunoA	5	9,0
AlunoB	7	8,5
AlunoC	8,5	10,0
AlunoD	9	7,5
AlunoE	7,5	3,5

3. Uma empresa distribuidora de pen drives realizou uma pesquisa no mercado e obteve os resultados apresentados na tabela seguinte. Pede-se que o leitor crie um gráfico de colunas para visualizar a informação.

Estados	Outubro	Novembro	Dezembro
Sergipe	500	700	400
Ceará	400	600	700
Amazonas	300	100	400
São Paulo	900	1000	800
Distrito Federal	700	750	900

4. Uma empresa vendeu, no mês de julho de 2009, o exposto na tabela seguinte. Represente a situação mostrada num gráfico de pizza.

Carros	Quantidade
Corsa	29
Polo	7
Fiesta	15
Civic	42
Honda Fit	23

5. O professor da disciplina de laboratório de CAD (Computer Aided Design) precisava selecionar um monitor entre os alunos da turma anterior para atuar no semestre seguinte. Ele utilizou a tabela seguinte e pediu para que fosse colocada na forma de gráfico de barras para identificar o aluno com melhor desempenho.

Aluno candidato a monitor de CAD	Nota prática	Nota teórica
AlunoA	7	9,0
AlunoB	7,5	10
AlunoC	9,0	9,5
AlunoD	10	9,5
AlunoE	8,0	9,0

6. Numa faculdade, o processo seletivo de início do ano resultou a quantidade de matrículas apresentada na tabela seguinte. Crie um gráfico de rosca, apresentando os dados.

Curso	Quantidade masculina	Quantidade feminina
Redes de computadores	17	8
Logística	21	19
Marketing	15	22
Técnico em informação	32	10
Bancária	9	15

7. Numa empresa foi feita uma estatística na qual foram constatados os dados da quantidade de graduados e pós-graduados, que lecionavam nos cursos de administração, contabilidade, tecnologia e pedagogia, conforme dados da tabela seguinte. Apresente um gráfico cone para demonstrar as informações dadas.

Curso	Doutor	Mestre	Pós-graduado
Administração	2	4	7
Contabilidade	3	3	8
Tecnologia marketing	3	2	10
Pedagogia	1	3	12

8. Uma empresa de software possui três filiais em São Paulo, Salvador e Goiânia. A evolução das vendas nos meses de janeiro a março, do corrente ano, está apresentada na tabela em seguida. Crie um gráfico de área para demonstrar os dados.

Ano	São Paulo	Salvador	Goiânia
Janeiro	28.000	19.000	30.000
Fevereiro	30.000	29.000	40.000
Março	39.000	34.000	77.000

9. Uma empresa que comercializa computadores realizou um levantamento das quantidades de computadores comercializados entre os meses de outubro, novembro e dezembro, e obteve a tabela seguinte. Elabore um gráfico de linha para representar os dados da tabela.

Mês	São Paulo	Salvador
Outubro	32	26
Novembro	37	39
Dezembro	59	72

10. Quatro vendedores de máquinas de uma empresa foram avaliados quanto ao número de horas gastas com vendas e os valores comercializados. Obteve-se a tabela seguinte. Crie um gráfico de bolhas para representar os dados.

Vendedor	São Paulo	Salvador
1	500	10
2	2.500	20
3	4.300	32
4	3.720	18

10

Limites, Derivadas e Integrais

"Limite é até onde pode chegar um valor."
Autor anônimo

10.1 Limite

Limite de uma função é o valor que ela tende a alcançar ou do qual se aproxima.

Exemplo 1

Conforme um veículo anda, existe um desgaste natural do pneu até que fique liso. Antônio, técnico que trabalha na oficina mecânica, acabou de adquirir um veículo e substituir os pneus traseiros. Constatou que havia um centímetro de borracha no pneu.

Ele comparou com a quilometragem marcada no medidor do carro e constatou que tinha mil quilômetros rodados. Anotou os valores e constatou que como ele morava a 250 km do trabalho, e só fazia esse percurso, diariamente andaria 500 km.

Durante dez dia de trabalho andou 5.000 km e em 100 dias andou 50.000 km. Conforme andava com o carro e media diariamente a espessura da borracha, notou que o pneu tendia a ficar liso e este era o limite de uso.

Exemplo 2

Maria adquiriu um sapato com plataforma de 17 cm de material plástico levíssimo e sola de borracha de 3 cm, conforme ilustra a figura seguinte. O sapato a deixava 20 cm mais alta que sua altura de 1,60 m. Como ela utilizava o sapato com regularidade, todos os dias para o trabalho, preocupou-se em saber o que faria quando o solado de borracha se desgastasse. Ela encontrou um sapateiro que afirmou que, quando a sola de borracha se desgastasse, substituiria por outra de 3 cm e o sapato continuaria novo.

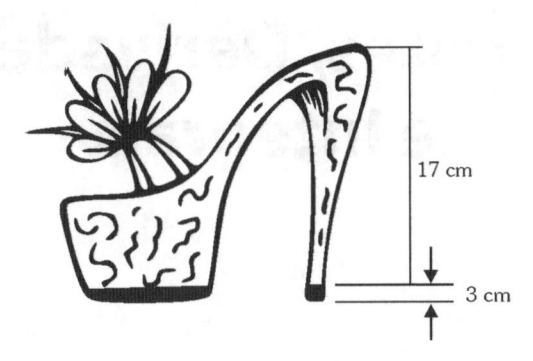

Desta forma, Maria passou a acompanhar com um micrômetro (aparelho de medição de precisão) o quanto gastava diariamente da sola de 3 cm. Notou que a cada semana a sola possuía um comportamento de desgaste que obedecia à seguinte fórmula matemática:

→ Tamanho total da plataforma = $17 + 3/x$

Em que:

→ 17 cm são referentes à parte plástica leve fixa

→ 3 cm correspondem à parte do solado de borracha novo

→ X é o número de semanas de uso do sapato

Maria montou uma tabela com valores positivos de "x":

X (semanas)	1	2	3	4	.....	40	etc.
Altura da plataforma	20	18,50	18,00	17,75	....	17,08	

Então notou que existe a tendência de os valores alcançarem a plataforma de 17 cm.

Exemplo 3

Considere um valor de custo que varie conforme a equação:

custo = 300 + 1/x

Montando uma tabela para valores crescentes de x, teremos:

X	1	2	3	4	.....	20	etc.
Custo	301,00	300,50	300,33	300,25	......	300,05	300

A tendência é, à medida que cresce "x", chegar ao valor 300.

De forma semelhante, com valores negativos de "x":

X	1	2	3	4	.....	500	etc.
Custo	299,67	299,83	299,89	299,91	......	299,99	300

Só não podemos utilizar o valor de "x" como zero, pois não existe divisão por zero.

Esta noção intuitiva denomina-se limite. É representada, no caso da função anterior, por:

$$\lim_{x \to \infty} (300 - 1/x) = 300$$

Lê-se: limite de 300 − 1 sobre x, em que x assume valores crescentes, aproximando-se do infinito, e é igual a 300.

O gráfico da figura seguinte ilustra uma situação em que, à medida que os valores crescem negativamente, tende-se a alcançar o valor limite 300.

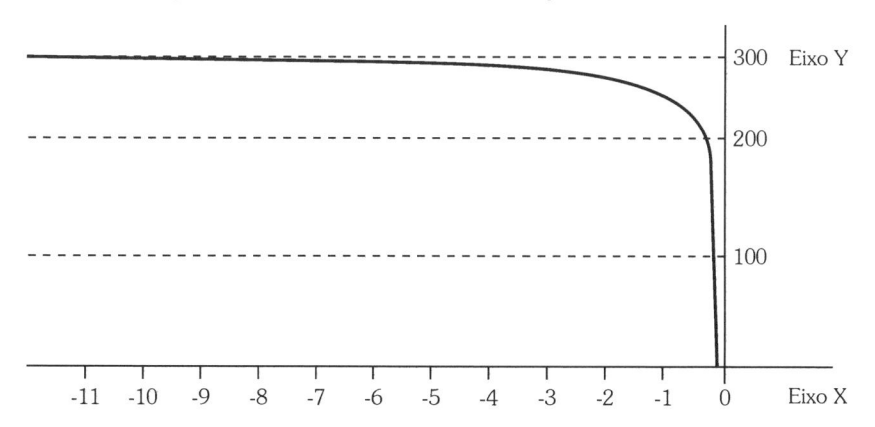

Limites, Derivadas e Integrais

10.2 Derivada

"Derivar é mostrar como varia alguma coisa."

Autor anônimo

A derivada é o coeficiente angular da reta tangente à função ou, em outras palavras, é a taxa ou velocidade de variação de uma função.

A derivada é representada pela letra "d" de derivada. A derivada instantânea representa uma variação muito pequena, ínfima e tenta-se observar o comportamento de variação da outra variável dependente dela.

Aplicação

A equação horária, isto é, equação do espaço percorrido em função do tempo, para um movimento uniformemente variado, de um veículo que está na rodovia Presidente Dutra, partindo de Arujá e indo em direção a São José dos Campos com velocidade inicial dada por:

$$S = S_0 + V_0 \times t + \tfrac{1}{2} A \times t^2$$

Em que:

- **S** é a variável dependente. Ela representa o espaço percorrido em km.
- **S_0** é 43 km, que é a distância entre o início da rodovia e a cidade de Arujá. Por outro lado, a cidade de São José dos Campos fica a 94 km do início da rodovia.
- **V_0** é a velocidade inicial, que podemos considerar 0 km/h, ou seja, o veículo estava parado e partiu de Arujá no sentido São José dos Campos.
- **t** é o tempo em horas.
- **A** é a aceleração do movimento, cujo valor é de 20 em km/h^2.

Note que o movimento segue uma equação do segundo grau na variável independente t.

A equação do movimento será $S = 43 + \tfrac{1}{2}(20)\, t^2$.

Ou seja, $S = 43 + 10\, t^2$.

A derivada, dessa equação, é obtida da seguinte forma:

Sabe-se que a velocidade ou V = dS/dt, ou seja, a velocidade é a derivada ou variação do espaço /"dS", em relação à derivada ou variação do tempo "dt":

V = dS/dt, ou seja:

O expoente 2 vai sair daqui, diminuindo um grau.
Ele desce à frente do 10 e multiplicando-o.

$$\frac{dS}{dt} = \frac{d(10\,t^2 + 43)}{dt} = \frac{10\,t^2 + 43}{dt} = 2 \times 10 \times t + 0 = 20t,$$

isto é, V = 20 t é a equação da velocidade, que é a derivada do espaço pelo tempo percorrido.

Novamente, derivando a velocidade em relação ao tempo, obtém-se a variação da velocidade com o tempo, ou seja, dV/dt, que é chamada de aceleração, que é como varia a velocidade com o tempo:

$$A = dV/dt = d(20t)/dt = 20 \text{ km/h}^2$$

No exemplo anterior, derivaram-se duas vezes: inicialmente para saber como variava o espaço em relação ao tempo e se obteve a equação da velocidade. A seguir, derivou-se a equação da velocidade em relação ao tempo, para obter a variação da velocidade que é denominada aceleração.

A derivada de uma constante é sempre zero, pois ela não varia.

Toda taxa de variação é uma derivada.

A Figura 10.1 ilustra o cálculo de uma derivada, que representa variação.

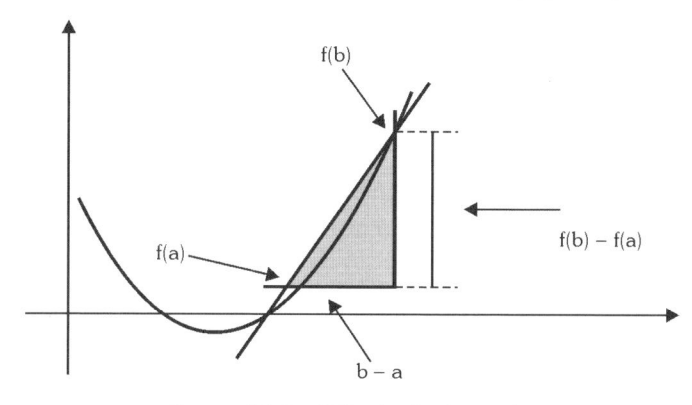

Figura 10.1 - Cálculo de derivada.

Matematicamente, o cálculo seria:

$$\text{Taxa} = \frac{f(b) - f(a)}{b - a}$$

10.3 Integral

"Integrar é unir ou juntar coisas."

Autor anônimo

Integral é a operação contrária da derivada.

Enquanto a derivada divide ou fatia uma função em pequenos pedaços, a integral faz o caminho contrário de somar os pedaços para obter o todo.

Em termos de área, a integral de uma função foi criada para determinar a área sob a curva dessa função no plano cartesiano.

A integral é representada pelo símbolo de um "s" de somatório, bem esticado:

$$\left. \begin{array}{l} \int f(x)dx = F(x) \\ \text{se:} \\ \dfrac{dF(x)}{dx} = f(x) \end{array} \right\} \text{Note que integral e derivada são operações inversas.}$$

Ou seja, representa-se a derivada com o sinal de apóstrofo:

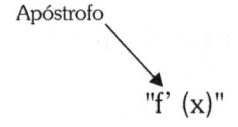

Apóstrofo

"f' (x)"

Aplicação

A taxa de aumento do número de alunos "A' " (que é variável dependente) da Universidade TriLegal varia em função do tempo "t" em anos (ou seja, A' é função de t, ou A'(t)), de acordo com a equação A'(t) = 42 × t + 61.

Atualmente existem 11.500 alunos matriculados nessa universidade. Quantos alunos haverá daqui a dez anos?

Resolução

A função derivada que representa a taxa de variação da quantidade de alunos matriculados na universidade em função do tempo é A'(t) = 42 t + 61.

Logo, a integral será:

$$A(t) = \int A'(t) \times dt = \int \underbrace{(42t + 61)}_{\text{Integrando, surge 61.t}} \times dt = 21t^2 + 61xt + \underbrace{C}_{\text{Surge uma constante}}$$

Fazendo t = 0, ou seja, é o tempo atual, a partir de quando começamos a contagem dos anos, obteremos:

A(0) = C, ou seja, como atualmente a universidade conta com 11.500 alunos, o que é fornecido pelo problema, então A(0) = 11.500 e também C = 11.500 alunos.

Logo, a função integrada no seu formato final é:

$$A(t) = 21\,t^2 + 61 \times t + 11.500$$

Para conferir, derivando-a, obtém-se A'(t) = 42 t + 61.

10.3.1 Integração por método numérico

Esta é utilizada para calcular a área sob curvas, dentro de certos limites. Neste caso usam-se os valores dos limites. Veja a seguir:

$$\int_2^6 x \times dx = \left(\frac{x2}{2}\right)_2^6 = \left(\frac{6^2}{2} - \frac{2^2}{2}\right) = \frac{36-4}{2} = 16$$

Outra forma de realizar a integração é considerando a existência de vários retângulos abaixo da curva entre A e B, e fazendo o somatório:

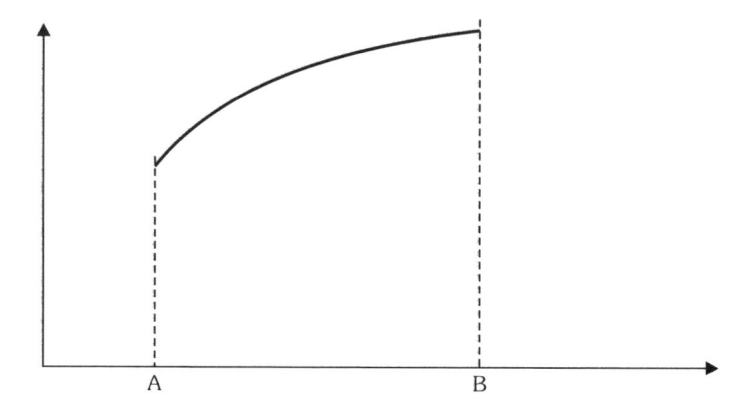

Na figura seguinte pode-se observar a ideia de dividir vários retângulos.

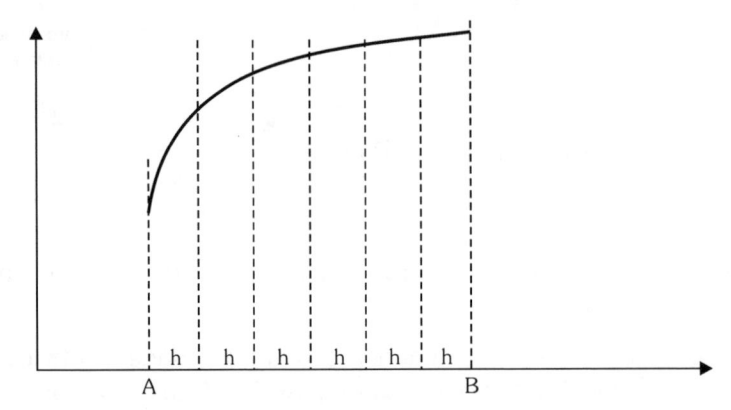

A área que é a integral, sob a curva é calculada pelo somatório:

$$\text{Área} = h \times \sum_{I=1}^{n} f(x_i)$$

- **n** é o número de intervalos.
- **h** é a base de cada retângulo.
- **f(x)** fornece a altura de cada retângulo.

Exercícios propostos

1. A quantidade de usuários de Internet acima de dez anos de idade, numa determinada cidade, cresce a cada ano em relação ao ano anterior de acordo com a equação: Q(t) = 100.000 − 100.000/3 t. Nessa cidade, a população é estável há cinco anos. Qual o limite para essa função?

   Note que só não existe o valor t = 0, pois não existe divisão por zero.

2. A quantidade de emissões de um material radioativo varia com o tempo "t" medido em horas conforme a equação: Emissões(t) = 50.000/2 t.

   Qual o limite dessa função para valores de t crescentes, tendendo a valores muito altos ou infinitos?

   Note que só não existe o valor t = 0, pois não existe divisão por zero.

3. A distância percorrida por um cometa varia com a equação horária:

   $$d(t) = 100.000 + 20.000 \times t$$

   em que t é medido em horas.

Qual o limite dessa função quando os valores de t tenderem para valores grandes, ou seja, tenderem para infinito?

4. O valor da aceleração de um movimento é constante e vale 20 km/h². Derivando essa aceleração em relação ao tempo, para saber como ela varia com o tempo, qual é o valor ou equação que se obtém?

5. As vendas de uma empresa variam com o tempo em anos conforme a equação: Vendas(t) = 1.000 + 50 × t.

    Qual a taxa de crescimento das vendas?

6. Durante a freada de um avião ao pousar no solo com uma velocidade de 240Km/h, seguiu-se a equação: velocidade = 240 − 12 × t.

    Sendo t medida em segundos, qual o valor da aceleração do movimento?

7. Qual a equação horária, isto é, do espaço S(t) percorrido pelo tempo que se obtém a partir da equação da velocidade do exercício anterior, sabendo que o local onde o avião toca o solo é tomado como S_0 = 0 km, no tempo zero segundo?

8. Um trem se movimenta a uma velocidade constante de 300 km/h num percurso de longa distância no qual ele não para em estações intermediárias de pequenas cidades.

    Ele saiu da cidade de Tóquio (Japão), que é o quilômetro zero, e quando estava com a velocidade constante de 300 km, passou pela cidade de Kashima a 100 km de Tóquio, quando um operador resolveu cronometrar o tempo para saber quando ele vai parar em Kyoto a 800 km de distância de Tóquio. Faça a integração da equação horária do movimento, a partir de Kashima e da equação da velocidade.

    Sabe-se que v(t) = 300 km/h.

9. A aceleração de um movimento de freada é positiva ou negativa? Por quê?

10. Um professor recebeu mensalmente um aumento constante de R$ 200,00 por mês, partindo de janeiro até dezembro.

    No final do ano anterior, ou seja, em dezembro do ano anterior, seu salário era de R$ 3.000,00/mensais.

    Qual a quantidade de dinheiro ganho pelo professor de janeiro a dezembro do corrente ano?

11

Matrizes e Determinantes

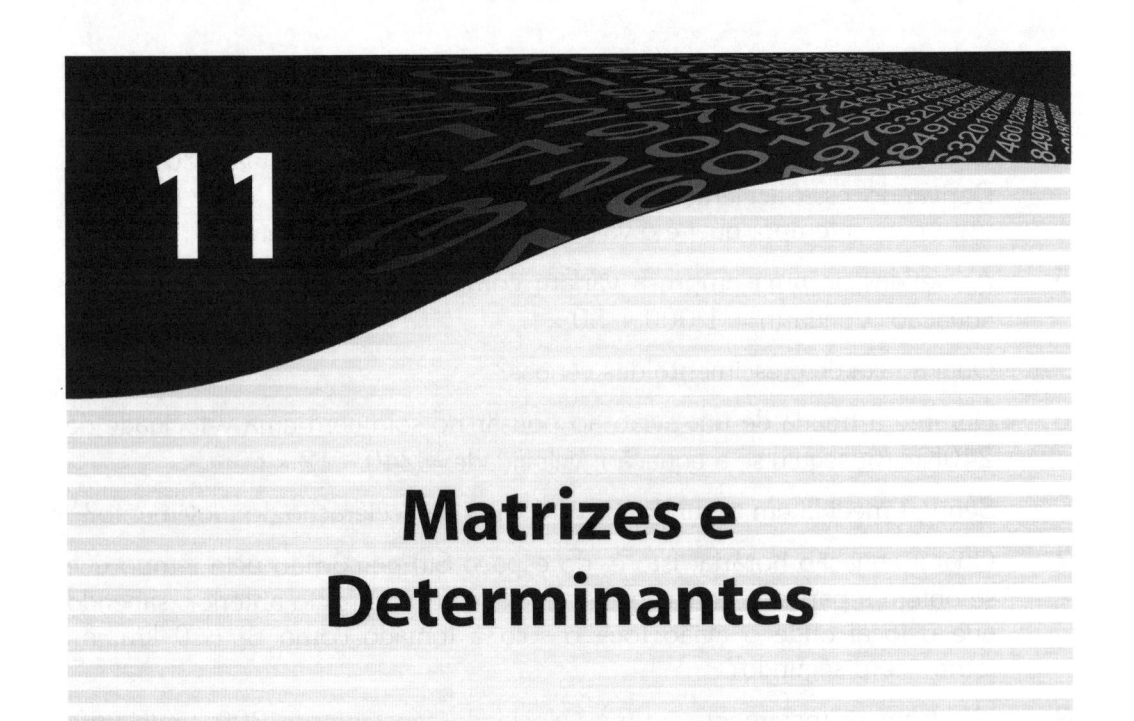

"A tabulação permite classificar ou organizar os dados, e as matrizes são tabelas para guardar dados."

Ricardo e Dorlivete

Matrizes são tabelas que possuem linhas e colunas e armazenam dados ou números. As linhas e as colunas são identificadas por índices i e j.

A finalidade das matrizes é armazenar dados. Uma matriz é como se fosse uma tabela de um banco de dados eletrônico. Desta forma, as matrizes também estão bastante relacionadas com a informática.

Uma planilha eletrônica é uma matriz, na qual cada célula pode conter valores numéricos, nomes, fórmulas, cores etc.

Observe em seguida a matriz 2x3, isto é, de duas linhas e três colunas que contém as notas de um aluno de curso técnico nas disciplinas de Inglês Técnico e Português Instrumental (note que i = 2 e j = 3):

$$\begin{matrix} \text{Inglês técnico} \\ \text{Português instrumental} \end{matrix} \begin{bmatrix} 6{,}5 & 9{,}5 & 8{,}5 \\ 8{,}0 & 9{,}0 & 10{,}0 \end{bmatrix}_{2\times 3}$$

Existem aplicações de matrizes em galpões, nos quais a armazenagem de materiais pode utilizar conceitos de matrizes, também nas áreas de estoque e almoxarifado. Este conceito é importante e pode ser associado ao equivalente computacional nos sistemas para que eles possam armazenar dados e fornecer informações.

Observe a Figura 11.1 na qual se procura representar um galpão com chapas de aço de uma siderúrgica:

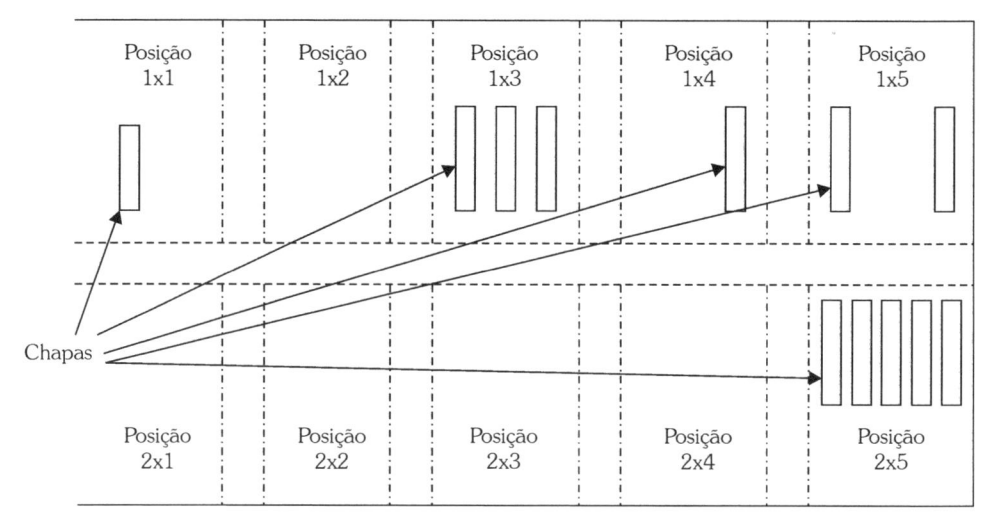

Figura 11.1 - Esquema de planta de galpão de armazenamento de chapas de aço.

A representação matricial, matemática, desse galpão com as chapas pode ser algo assim:

$$\text{Matriz 2x5:} \begin{bmatrix} 1 & 0 & 3 & 1 & 2 \\ 0 & 0 & 0 & 0 & 5 \end{bmatrix}_{2 \times 5}$$

A computação foi uma das áreas mais beneficiadas pelas matrizes. Tanto o armazenamento de dados em memórias como em HDs e também os bancos de dados foram possíveis e viáveis com o uso de matrizes.

Exemplo de aplicação

Numa planilha eletrônica, a coluna A, a partir da célula A3, recebeu até a célula A40 o nome dos alunos de uma turma do curso de tecnologia. Eram 38 alunos.

Nas células de B3 até B40 foram colocadas as notas da disciplina de Matemática. As células de C3 a C40 foram preenchidas com dados das notas da disciplina de Algoritmos e das células de D3 a D40 foram inseridas as notas da disciplina de Computação Básica. Pode-se notar que se trata de uma matriz que armazena diversas informações importantes.

11.1 Propriedade das matrizes

Considerando as matrizes A, B e C e as constantes k, p e q, os valores i e j de números naturais, existem as seguintes propriedades das matrizes:

1. $(A + B) + C = A + (B + C)$
2. $A + B = B + A$
3. $1 \times A = A$
4. $A + (-A) = 0$
5. $A + 0 = A$
6. $k \times (A+B) = kA + kB$
7. $(p + q)A = pA + qA$
8. $c(i,j) = k \times a(i,j)$
9. Produto da:

$$A = \begin{pmatrix} a11 & a12 \\ a21 & a22 \end{pmatrix}_{2\times 2}$$

$$B = \begin{pmatrix} b11 & b12 \\ b21 & b22 \end{pmatrix}_{2\times 2}$$

O produto só pode existir quando o número de colunas da primeira é igual ao número de linhas da segunda e ele ocorre assim:

$$A = \begin{pmatrix} a11 \times b11 + a12 \times b12 & a11 \times b12 + a12 \times b22 \\ a21 \times b11 + a22 \times b12 & a21 \times b12 + a22 \times b22 \end{pmatrix}_{2\times 2}$$

O seguinte exemplo vem do website Só Matemática:[23]

$$A = \begin{bmatrix} 2 & 3 \\ 0 & 1 \\ -1 & 4 \end{bmatrix} \text{ e } B = \begin{bmatrix} 1 & 2 & 3 \\ -2 & 0 & 4 \end{bmatrix}$$

---

[23] Só Matemática. Website disponível em: http://www.somatematica.com.br/emedio/matrizes/matrizes4.php, visitado em: 31 jan. 2009.

Trata-se da multiplicação de uma matriz 3x2 por uma matriz 2x3. Neste caso, os "2" do meio desaparecem e o resultado é uma matriz 3x3. Vejamos como fica:

$$A \times B = \begin{bmatrix} 2 & 3 \\ 0 & 1 \\ -1 & 4 \end{bmatrix} \times \begin{bmatrix} 1 & 2 & 3 \\ -2 & 0 & 4 \end{bmatrix} = \begin{bmatrix} 2\times1+3(-2) & 2\times2+3\times0 & 2\times3+3\times4 \\ 0\times1+1(-2) & 0\times2+1\times0 & 0\times3+1\times4 \\ -1\times1+4(-2) & -1\times2+4\times0 & -1\times3+4\times4 \end{bmatrix} =$$

$$= \begin{bmatrix} -4 & 4 & 18 \\ -2 & 0 & 4 \\ -9 & -2 & 13 \end{bmatrix}$$

Outro exemplo vem da multiplicação de uma matriz 2x3 por outra 3x2:

$$\begin{pmatrix} 0 & 1 & 2 \\ 3 & 4 & 5 \end{pmatrix} 2x3 \quad \begin{pmatrix} 0 & 1 \\ 2 & 3 \\ 4 & 5 \end{pmatrix} 3x2 = \begin{pmatrix} 0\times0 + 1\times2 + 2\times4 & 0\times1 + 1\times3 + 2\times5 \\ 3\times0 + 4\times2 + 5\times4 & 3\times1 + 4\times3 + 5\times5 \end{pmatrix}$$

O resultado do produto anterior é fornecido pela matriz 2x2 a seguir:

$$\begin{pmatrix} 10 & 13 \\ 28 & 40 \end{pmatrix} 2x2$$

Em outras palavras, a multiplicação de matrizes ocorre de forma que a matriz resultante, ou seja, a matriz produto, tenha as dimensões do número de linhas da primeira matriz fator, e o número de colunas deve ser igual ao da segunda. No centro, os dois números "3" desaparecem.

Em um produto de uma matriz 4x2, necessariamente, ela multiplicará pela matriz que possuir o formato 2x4. Os elementos centrais desaparecem e o resultado é uma matriz 4x4.

Mais um exemplo é o produto de uma matriz 12x6 que deve ser multiplicada por outra matriz de dimensões 6x12. O resultado é uma matriz 12x12.

11.1.1 Regra

O produto entre matrizes não é comutativo, isto é, uma matriz A multiplicada por uma matriz B não é a mesma coisa que a matriz B multiplicada pela matriz A, cujo produto pode nem ser possível, a menos que se tenham matrizes quadradas, ou seja, aquelas nas quais o número de linhas é igual ao número de colunas.

Aplicação

Numa matriz vista anteriormente, se quisermos calcular a nota média de Inglês Técnico e de Português Instrumental, podemos fazer o produto da matriz seguinte por uma matriz 3x1, resultando numa matriz 2x1, conforme se apresenta a seguir:

Matriz 2x3

$$\begin{matrix} \text{Inglês técnico} \\ \text{Português instrumental} \end{matrix} \begin{pmatrix} 6,5 & 9,5 & 8,5 \\ 8,0 & 9,0 & 10,0 \end{pmatrix}_{2x3}$$

A matriz 3x1 é:

$$\begin{pmatrix} 1/3 \\ 1/3 \\ 1/3 \end{pmatrix}_{3x1}$$

O resultado é uma terceira matriz, 2x1, que conterá as médias das notas de Inglês Técnico e de Português Instrumental. Veja como fica:

$$\begin{pmatrix} 6,5 \times 1/3 + 9,5 \times 1/3 + 8,5 \times 1/3 \\ 8,0 \times 1/3 + 9,0 \times 1/3 + 10,0 \times 1/3 \end{pmatrix}_{2x1} = \begin{pmatrix} 8,2 \\ 9 \end{pmatrix}$$

Note que em Inglês Instrumental a média será 8,2, e em Português Instrumental, 9.

11.1.2 Inversão de matrizes

Caso haja uma matriz quadrada A, ela pode ser invertida se houver uma matriz quadrada B que satisfaça a seguinte condição:

$$A \times B = B \times A = I_n$$

Cálculo da matriz inversa:

Dada a matriz A: $\begin{pmatrix} 1 & 5 \\ 2 & 2 \end{pmatrix}$

Chama-se de matriz inversa aquela matriz B: $\begin{pmatrix} a & b \\ c & d \end{pmatrix}$ que, multiplicada pela primeira, forneça como resultado uma matriz I: $\begin{pmatrix} 1 & 0 \\ 0 & 1 \end{pmatrix}$

Em outras palavras:

$$\begin{pmatrix} 1 & 5 \\ 2 & 2 \end{pmatrix} \times \begin{pmatrix} a & b \\ c & d \end{pmatrix} = \begin{pmatrix} 1 & 0 \\ 0 & 1 \end{pmatrix}$$

Realizando a multiplicação, temos:

$$\begin{pmatrix} (1 \times a + 5 \times c) & (1 \times b + 5 \times d) \\ (2 \times a + 2 \times c) & (5 \times c + 5 \times d) \end{pmatrix} = \begin{pmatrix} 1 & 0 \\ 0 & 1 \end{pmatrix}$$

Em que:

- a + 5 × c = 1
- b + 5 × d = 0
- 2 × a + 2 × c = 0
- 5 × c + 5 × d = 1

Resolvendo o sistema linear, temos os valores:

a = 1

b = –5

c = –2

d = 2

Dessa forma, pode-se dizer que a matriz inversa de A é B e ela possui o formato:

$$\text{Matriz B: } \begin{pmatrix} 1 & -5 \\ -2 & 2 \end{pmatrix}$$

A seguir, vamos estudar os determinantes.

11.2 Determinantes

Determinante é uma função que associa cada matriz quadrada a um valor.

Enquanto as matrizes são usadas na computação para representar translação, rotação, escala de objetos em computação gráfica, para resolver sistemas de equações etc., também em engenharia elétrica é muito difícil resolver problemas de circuitos elétricos e linhas de transmissão de energia elétrica sem matrizes.

Trabalhar com uma malha de linha de transmissão e passar esse circuito para a forma matricial é mais fácil. Na mecânica também é muito importante, pois os tensores (grandeza) só são fornecidos em forma de matriz. Determinantes simplificam e sistematizam a resolução de sistemas de equações lineares.

Uma aplicação de determinantes é para o cálculo da área de triângulos em planos cartesianos. Neste caso é preciso saber as coordenadas dos vértices do triângulo, que serão utilizadas no determinante.

Considere o determinante:

Uma das formas de resolver determinantes é com a regra de Sarrus. Segundo ela, para encontrarmos o valor de um determinante numérico de ordem 3, é preciso repetir as duas primeiras colunas, do lado direito do determinante. A seguir, deve-se multiplicar os elementos do determinante em diagonais.

Se tivermos o determinante:

$$A = \begin{vmatrix} 2 & 3 & -5 \\ 0 & 1 & 2 \\ 3 & 1 & 1 \end{vmatrix}$$ para encontrarmos um único valor para "A", que representará o determinante, pode-se usar a regra de Sarrus.

Primeiramente repetimos as duas primeiras colunas do determinante A depois da barrinha pontilhada apresentada em seguida:

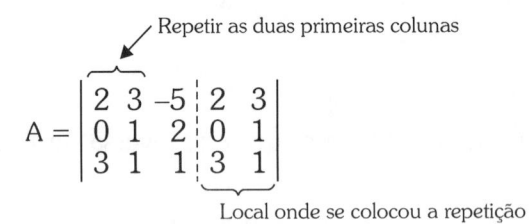

Repetir as duas primeiras colunas

$$A = \begin{vmatrix} 2 & 3 & -5 & 2 & 3 \\ 0 & 1 & 2 & 0 & 1 \\ 3 & 1 & 1 & 3 & 1 \end{vmatrix}$$

Local onde se colocou a repetição

Fazemos o produto dos elementos das diagonais secundárias e os elementos das diagonais principais, conforme em seguida:

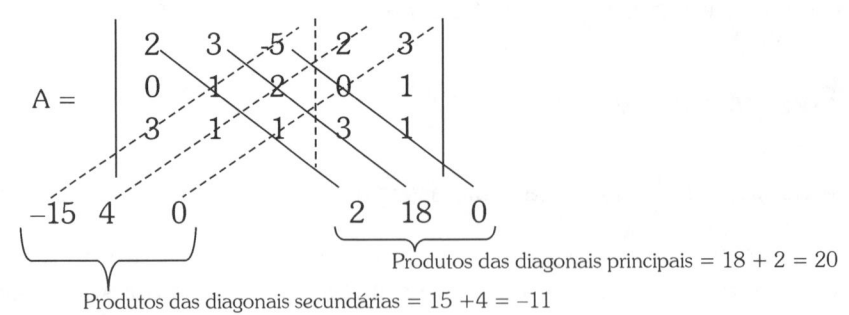

$$A = \begin{vmatrix} 2 & 3 & -5 & 2 & 3 \\ 0 & 1 & 2 & 0 & 1 \\ 3 & 1 & 1 & 3 & 1 \end{vmatrix}$$

−15 4   0   2 18 0

Produtos das diagonais principais = 18 + 2 = 20

Produtos das diagonais secundárias = 15 + 4 = −11

O cálculo de A é feito com a soma dos produtos das diagonais principais menos a soma dos produtos das diagonais secundárias = 20 − (−11) = 20 + 11 = 31, ou seja, A = 31.

11.2.1 Aplicação de determinantes

Determinantes podem ser usados para calcular a área de triângulos em cima de um mapa. Note que triângulos podem ser juntados em outras formas e, com paciência, pode-se calcular várias áreas. Para calcular uma área de triângulo usando determinantes, é preciso ter as coordenadas cartesianas dos três pontos extremos de um triângulo.

Por exemplo, se tiver as coordenadas de cada um dos pontos extremos de um triângulo, conforme o gráfico a seguir:

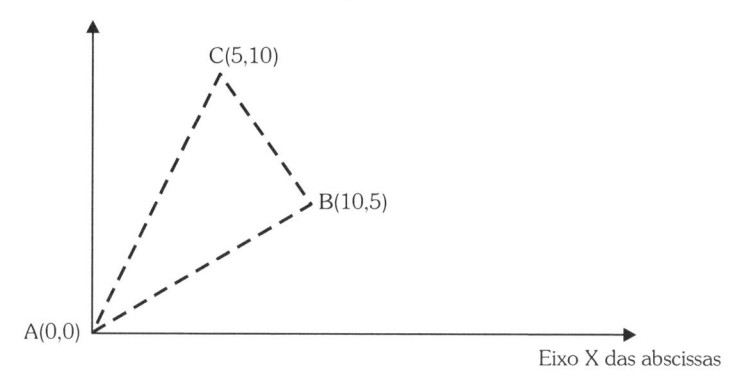

Como é possível calcular a área do triângulo ABC?

O cálculo do determinante fornece o valor da área. Vamos, então, calcular o determinante dos pontos: A(0,0), B(10, 5) e C(5,10):

$$\text{Área} = \frac{1}{2} \times \begin{vmatrix} 0 & 0 & 1 \\ 10 & 5 & 1 \\ 5 & 10 & 1 \end{vmatrix}$$

$$\text{Área} = \frac{1}{2} \times \begin{vmatrix} 0 & 0 & 1 & 0 & 0 \\ 10 & 5 & 1 & 10 & 5 \\ 5 & 10 & 1 & 5 & 10 \end{vmatrix}$$

25   0   0   0   0   100

Área = 1/2 (100 - 25) = 75/2 = 37,5

Soares (2006) apresentou um exemplo de uso da regra de Sarrus em conjunto com o Google Earth e, desta forma, mostrou que é possível calcular áreas diversas pela junção de tecnologias de imagem e matemática.

11.2.2 Cálculo de matriz inversa (M^{-1}) utilizando o determinante

Considere que a matriz inversa de uma matriz M, isto é, uma matriz M^{-1}, pode ser calculada, multiplicando a matriz M por 1/det M. Veja a seguir:

$$M^{-1} = \frac{1}{\det M} \times M$$

O cálculo deve ser realizado de acordo com a sequência:

1. Calcule o determinante de **M, ou seja, "det M"**.
2. Calcule a matriz **M'** (lê-se M linha), que é chamada de matriz dos cofatores da matriz M, obtida substituindo cada elemento de **M** pelo respectivo cofator. O cofator de um elemento a_{ij} da matriz é o novo elemento: cofator de $a_{ij} = (-1)^{i+j}x$ (multiplicado pelo determinante dos restantes da matriz). Exemplo:

O cofator de a_{11} da matriz $\begin{pmatrix} 2 & 3 \\ 1 & 4 \end{pmatrix}$ é:

a) Cofator de $a_{11} = (-1)^{1+1} \times 4 = 1^2 \times 4 = 4$
b) Cofator de $a_{12} = (-1)^{1+2} \times 1 = -1^3 \times 1 = -1$
c) Cofator de $a_{11} = (-1)^{2+1} \times 3 = 1^2 \times 3 = 3$
d) Cofator de $a_{11} = (-1)^{2+2} \times 2 = 1^4 \times 2 = 2$

Desta forma, a matriz dos cofatores será:

$$M\text{–cofatores} = \begin{pmatrix} 4 & -1 \\ 3 & 2 \end{pmatrix}$$

3. Calcule a matriz adjunta, sabendo que **M = (M')^t**.

$$A = \begin{vmatrix} d & -c \\ -b & a \end{vmatrix}$$

Fazendo a transposição da matriz A, obtemos a matriz adjunta A.

$$\text{adj } A = \begin{vmatrix} d & -b \\ -c & a \end{vmatrix}$$

4. Calcule a matriz inversa **M⁻¹**, que é obtida multiplicando **M** por $\dfrac{1}{\det M}$.

   Observe o exemplo de aplicação do cálculo da matriz inversa por meio de determinantes:

   a) Cálculo da matriz inversa de $M = \begin{pmatrix} 1 & 5 \\ 2 & 2 \end{pmatrix}$

   b) $\det M = \begin{pmatrix} 1 & 5 \\ 2 & 2 \end{pmatrix} = 12 - 11 = 1$

   c) Cálculo de $M' = \begin{pmatrix} 2 & -2 \\ -5 & 1 \end{pmatrix}$

   d) Cálculo de $M = (M')^t = \begin{pmatrix} 1 & -2 \\ -5 & 2 \end{pmatrix}$

   e) $M^{-1} = \dfrac{1}{\det M} \times M = \begin{pmatrix} 1 & -2 \\ -5 & 2 \end{pmatrix}$

Exercícios propostos

1. O que é matriz?

2. Assinale a alternativa correta. Uma matriz de uma tabela de mercadorias possui 15 linhas e 23 colunas. Que tipo de matriz é?

   ( ) matriz quadrada

   ( ) matriz diagonal

   ( ) matriz 23x15

   ( ) matriz 15x23

   ( ) matriz 15x15

3. Uma matriz possui índices que representam o seu tamanho. Numa matriz criada com datas e quantidades de peças, os índices i e j são iguais. Que tipo de matriz é este?

4. Na seguinte matriz Estoque inseriu-se a quantidade de componentes existentes no estoque físico e no estoque lógico. O primeiro é o contado no local e o segundo é o que constava nos bancos de dados:

$$\text{Estoque} = \begin{pmatrix} \text{Peça A} & 23 & 25 \\ \text{Peça B} & 10 & 90 \\ \text{Peça C} & 123 & 123 \\ \text{Peça D} & 79 & 82 \\ \text{Peça E} & 45 & 45 \end{pmatrix}_{5 \times 3}$$

Qual é o valor das células b31 e c33?

5. No primeiro módulo do Curso Superior de Tecnologia em Redes de Computadores, utilizou-se uma matriz 6x3 para registrar as notas de cada aluno nas disciplinas de Informática Básica, Introdução à Tecnologia de Redes, Eletrônica, Instalação de Redes, Sistemas Operacionais e Algoritmos, conforme representado em seguida:

Aluna X:

$$\begin{array}{l} \text{Informática Básica} \\ \text{Introdução à Tecnologia de Redes} \\ \text{Eletrônica} \\ \text{Instalação de Redes} \\ \text{Sistemas Operacionais} \\ \text{Algoritmos} \end{array} \begin{pmatrix} 8,0 & 9,0 & 9,5 \\ 9,0 & 9,5 & 10,0 \\ 7,0 & 8,5 & 9,0 \\ 9,0 & 7,5 & 8,5 \\ 6,0 & 8,0 & 9,5 \\ 8,0 & 8,5 & 10,0 \end{pmatrix}_{6 \times 3}$$

Sabendo que a média em cada disciplina será obtida pela média aritmética das três notas, pergunta-se:

Para obter outra matriz no formato 6x1 com o resultado das médias em cada disciplina, por qual matriz se deve multiplicar a matriz anterior?

6. José é gerente de vendas de aparelhos de medição de precisão como paquímetros, micrômetros, microbalanças, micropinças etc. num total de 37 aparelhos. Recentemente, ele precisou montar uma tabela para seus 30 vendedores na qual entravam o nome do produto (1), o valor de compra (2), o valor de venda pleno (3), valor de venda com 5% de desconto (4), valor de venda com 10% de desconto (5), o valor de venda com 15% de desconto (6) e o valor de venda com 20% de desconto (7). Qual o tamanho da matriz e quais os valores dos índices?

7. O que é matriz quadrada?

8. O que é determinante?

9. Dados um plano, dois eixos, um deles "x" das abscissas e o outro "y" das ordenadas, e pontos marcados, pergunta-se:

Quais são as coordenadas dos pontos A, B e C?

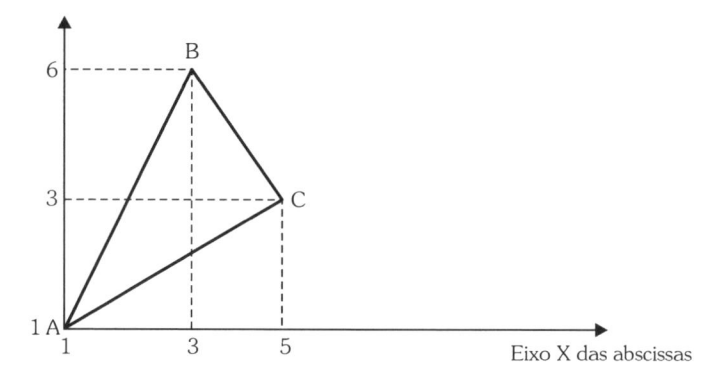

10. Qual o valor da área associada ao triângulo apresentado na questão anterior?

12

Sistemas Lineares

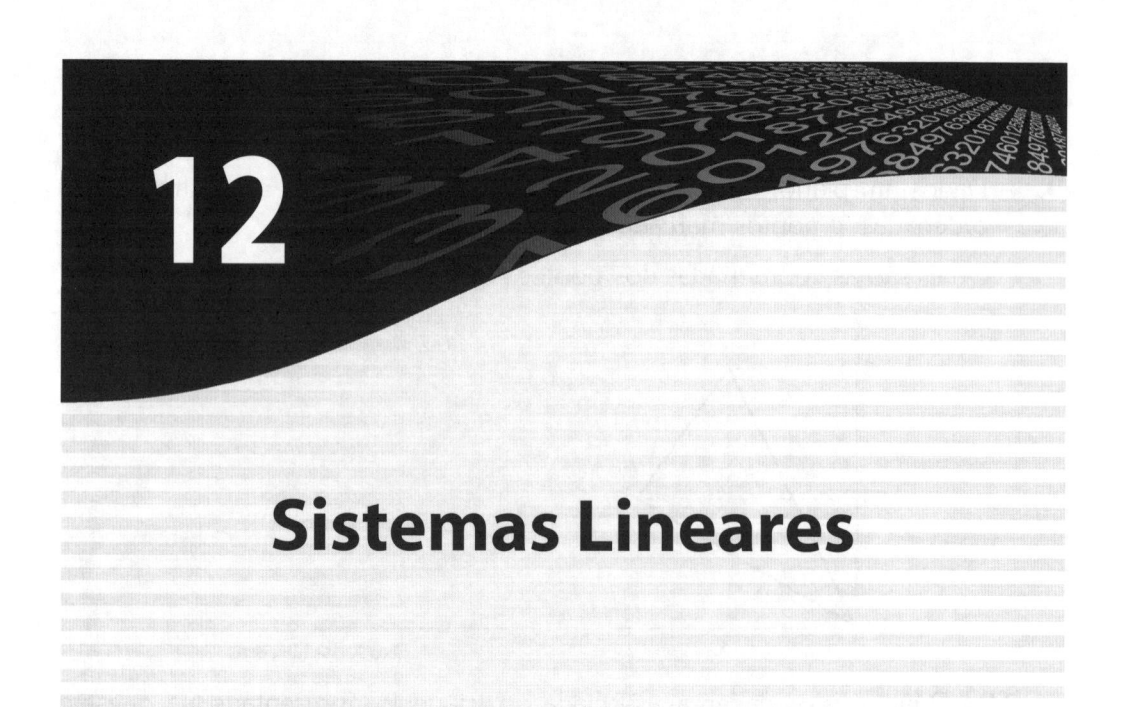

"Sistemas lineares ajudam a modelar e resolver muitos problemas que existem nas empresas e organizações."

Ricardo e Dorlivete

Uma equação linear é de primeiro grau ou equação da reta.

Quando um problema apresenta duas ou mais equações lineares simultâneas nas incógnitas x e y, pode-se dizer que é um conjunto de duas ou mais equações lineares simultâneas em x e y e se constitui num sistema linear.

As equações e os sistemas lineares aplicam-se a qualquer tipo de problema que envolva o cálculo de mix de produção. Por exemplo, se uma empresa possui dois tipos de produtos a serem fabricados, ou então, se uma faculdade possui dois cursos, um será o X e o outro o Y, ou uma empresa que possui dois fornecedores A e B etc.

Na resolução de problemas que envolvem sistemas lineares, é preciso aprender a modelar o problema utilizando equações lineares.

Com o tempo e a experiência percebe-se que todos os problemas podem ser modelados por meio de equações lineares. Mesmo que não sejam lineares, podemos utilizar a aproximação em trechos como sendo lineares, com equações do primeiro grau, fato que simplifica bastante a resolução de muitos problemas e tende mais para o uso da matemática de modo prático.

Modelar algo significa criar algum modelo para explicar esse algo ou o seu comportamento.

Um modelo é uma representação da realidade. Ele ajuda a entender a realidade, a pensar nela e até a prever o que ocorrerá. Os modelos podem ser matemáticos (equações), físicos (maquetes) etc.

Alguns exemplos de modelos matemáticos são: fórmulas para cálculo de salários e descontos, equações para cálculo de movimentos da cinemática da Física, equações de cálculo para conversão de temperatura, fórmulas para cálculo de juros simples e compostos etc.

A modelagem é a criação de modelos. Aqueles que aprendem a utilizar modelos podem realizar previsões mediante o uso dos modelos. Existem modelos mais aderentes e outros menos aderentes à realidade. É preciso que os tecnólogos desenvolvam uma "cultura" de criar modelos e, desta forma, possam realizar previsões com mais tranquilidade, até onde o modelo puder ser usado.

No exemplo de aplicação seguinte, vamos criar algumas equações que são modelos de sistemas lineares. Então, mãos à obra!

Há necessidade de modelagem também nos problemas propostos e, eventualmente, se necessitar das resoluções, serão detalhadas para assimilar bem essa ideia e a forma de trabalho.

Exemplo de aplicação

Para a montagem de um microcomputador, foram adquiridos um kit americano de um pente de memória e três chipsets, ou um kit japonês que traz quatro chipsets e dois pentes de memória. Ocorre que na confecção de placas-mãe, um fabricante brasileiro usa dois chipsets e um pente de memória. Pergunta-se quantos kits americanos (X) e quantos kits japoneses (Y) devem ser adquiridos para ter uma produção sem sobras?

Resolução

1. A partir do problema, monta-se o quadro:

	Americano (X)	Japonês (Y)
Memórias	1	2
Chipsets	3	4

2. A partir do quadro, monta-se um sistema de equações lineares:

- **Para memórias:** X + 2Y = 1, observe que o valor 1 vem do fato de que, para fabricar uma placa-mãe, usa-se "um" pente de memória.

- **Para chipsets:** 3X + 4Y = 2, observe que o valor 2 vem do fato de que, para fabricar uma placa-mãe, usam-se "dois" chipsets.[24]

O sistema linear tem a seguinte característica: é um sistema de duas equações com duas incógnitas e terá a seguinte aparência:

$$\begin{cases} X + 2Y = 1 \text{ (equação 1)} \\ 3X + 4Y = 2 \text{ (equação 2)} \end{cases}$$

As duas equações que compõem o sistema linear se constituem no modelo matemático, o qual permite previsões para esse negócio em particular.

A resolução desse sistema de duas equações e duas incógnitas fornece os valores de X e Y, ou seja, quantos kits americanos e quantos japoneses é necessário adquirir.

Mãos à obra!

Na equação 1, isolando X, teremos X = 1 − 2Y.

Utilizando o valor de X na equação 2, obtemos: 3X + 4Y = 2, então 3(1 − 2Y) + 4Y = 2, desenvolvendo: 3 − 6Y + 4Y = 2, ou seja, −2Y = − 3 + 2, isto é, Y = 1/2. Substituindo o valor encontrado, na equação 1, teremos: X + 2(1/2) = 1. Então, X + 1 = 1, ou seja, X = 0.

Obtivemos os valores de X = 0 e Y = ½. Interpretando este resultado, podemos concluir que não devemos adquirir os kits X e a aquisição de meio kit Y possibilita a fabricação de uma placa-mãe. Logo, se adquirirmos um kit Y inteiro, podemos fabricar duas placas-mãe. Em outras palavras, devemos adquirir somente o kit Y.

12.1 Resolução de sistemas lineares pelo método da eliminação de Gauss ou método do escalonamento

O método do escalonamento permite resolver sistemas lineares de um certo número de equações, chamados genericamente pela letra I, desde que o número ou quantidade de incógnitas (ou variáveis) também seja de no máximo I.

---

[24] Chipsets são chips que vão controlar o fluxo de dados que passam pelos barramentos da placa-mãe.

Em outras palavras, para cinco incógnitas é preciso ter também cinco equações diferentes contendo as incógnitas mencionadas, portanto o valor de I é igual a 5.

O escalonamento ou eliminação de Gauss trata-se de um método geral para resolver sistemas de equações lineares, no qual é necessário seguir um algoritmo, ou seja, uma sequência de passos lógicos para a solução do problema.

A sequência para a resolução de um sistema de equações lineares envolve três considerações descritas a seguir:

Consideração 1: um sistema de equações não se altera quando trocamos as posições de duas ou mais equações quaisquer do sistema. Por exemplo, o sistema linear (a) composto pelas equações:

$$(a) \begin{cases} 3x - 2y + 4z = 10 \\ x + 5y - 2z = 6 \\ 2x - 3y - 7z = 3 \end{cases}$$

O sistema (a) anterior é igual ao sistema (b) seguinte, em que se trocaram as posições de linhas:

$$(b) \begin{cases} 2x - 3y - 7z = 3 \\ 3x - 2y + 4z = 10 \\ x + 5y - 2z = 6 \end{cases}$$

Consideração 2: um sistema permanece constante, ou seja, não se altera, se multiplicarmos ambos os membros (ou lados, antes e depois do sinal de igual) de qualquer equação do sistema por um número real diferente de zero. Exemplificando, observe o sistema (a) seguinte, composto de quatro equações:

$$(a) \begin{cases} -2x + 3y - 2z + 5w = 7 \\ x + 4y - z + 3w = 5 \quad \longleftarrow \text{Segunda equação (será multiplicada por 2)} \\ 2x + y + z - 5w = 7 \\ x - 2y + 3z + w = 1 \quad \longleftarrow \text{Quarta equação (será multiplicada por } -2\text{)} \end{cases}$$

Note que, multiplicando os dois lados da segunda equação por 2 e a quarta equação por –2, temos o sistema (c) que é idêntico ao sistema (a) imediatamente anterior:

$$(b) \begin{cases} -2x + 3y - 2z + 5w = 7 \\ 2x + 8y - 2z + 6w = 10 \quad \longleftarrow \text{Segunda equação (já multiplicada)} \\ 2x + y + z - 5w = 7 \\ -2x + 4y - 6z - 2w = -2 \quad \longleftarrow \text{Quarta equação (já multiplicada)} \end{cases}$$

Consideração 3: um sistema não se altera se substituímos uma equação qualquer por outra obtida a partir da adição membro a membro dessa equação. Exemplificando, no sistema (c) anterior, mostrado novamente a seguir:

(c) $\begin{cases} -2x + 3y - 2z + 5w = 7 \\ 2x + 8y - 2z + 6w = 10 \\ 2x + y + z - 5w = 7 \\ -2x + 4y - 6z - 2w = -2 \end{cases}$ ← Segunda equação (já multiplicada)

← Quarta equação (já multiplicada)

Se somarmos a equação 1 e a equação 2, obtemos o sistema (d):

(d) $\begin{cases} 11y - 4z + 11w = 17 \\ 5y - 5z - 7w = 5 \end{cases}$

Este sistema (d) é equivalente ao sistema (c) anterior. Ele também pode utilizar qualquer equação de (c), de modo que se tenha o número de equações e variáveis necessário para resolver o sistema.

12.1.1 Condições de resolução de um sistema linear

Um sistema linear será:

a) possível e determinado (se tiver solução única);

b) possível e indeterminado (infinitas soluções); ou

c) impossível (não existem soluções possíveis).

12.1.2 Aplicação do método do escalonamento na resolução de problemas

1. Determinar a solução do seguinte sistema:

$$\begin{cases} x + 3y + 2z = 1 \\ x - 2y + z = 2 \\ 2x + y + z = 3 \end{cases}$$

2. Multiplicando a segunda equação por -1, temos:

$$\begin{vmatrix} 1 & +3 & +2 & 1 \\ -1 & +2 & -1 & 2 \\ 2 & +1 & +1 & 3 \end{vmatrix}$$

3. Somando a nova equação com a primeira equação, teremos:

$$\begin{vmatrix} 0 & +5 & +1 & 3 \\ 1 & -2 & +1 & 2 \\ 2 & +1 & +1 & 3 \end{vmatrix}$$

4. Multiplicando a segunda equação por –2 e somando com a terceira, obtemos:

$$\begin{vmatrix} 0 & +5 & +1 & 3 \\ 1 & -2 & +1 & 2 \\ 0 & +5 & -1 & -1 \end{vmatrix}$$

5. Trocando a primeira e a segunda linhas, teremos:

$$\begin{vmatrix} 1 & -2 & +1 & 2 \\ 0 & +5 & +1 & 3 \\ 0 & +5 & -1 & -1 \end{vmatrix}$$

Agora vamos trabalhar somente com a segunda e a terceira linhas, que zeraram a primeira casa e precisam zerar a segunda.

6. Multiplicando por –1 a segunda linha e somando com a terceira, teremos:

$$\begin{vmatrix} 1 & -2 & +1 & 2 \\ 0 & +5 & +1 & 3 \\ 0 & 0 & -2 & -4 \end{vmatrix}$$

Pelo que sobrou na terceira linha podemos reescrever da seguinte forma:

$$-2z = -4, \text{ ou seja, } z = 2$$

Voltando para a segunda equação, teremos:

$$5y + z = 3$$

Já calculamos z = 2; portanto, substituindo nesta equação, temos:

$$5y + 2 = 3, \text{ ou seja, } 5y = 3 - 2 = 1, \text{ isto é, } 5y = 1, \text{ então, } y = 1/5$$

Note que obtivemos o valor de z e de y. Agora só resta calcular o valor de x. Esse cálculo pode ser feito na primeira equação: $1 \times x - 2y + 1 \times z = 2$. Substituindo os valores de y – 1/5 e de z = 2, temos: x – 2(–1/5) + 2 = 2. Desenvolvendo, teremos: x + 2/5 = 2 – 2 = 0, ou seja, x = – 2/5.

Finalizando, os valores de x, y e z são, respectivamente, –2/5; –1/5 e 2.

O método do escalonamento, ou da eliminação de Gauss, é bom para a resolução de sistemas lineares e, por tabela, também para a solução de determinantes.

Recordando, vimos a regra de Sarrus e o método do escalonamento, além de determinantes de matrizes maiores, da ordem três. Conforme a complexidade cresce, podem ser necessários sistemas lineares com muito mais equações e incógnitas, por exemplo: sete equações e sete incógnitas, 20 equações e 20 incógnitas etc. À medida que se encontram situações mais complexas, pode ser necessária a formação de equipes com matemáticos, engenheiros, além dos tecnólogos e técnicos.

Exercícios propostos

1. Um sistema linear utiliza somente que tipos de equações?

2. É possível resolver um sistema linear que tenha cinco equações e seis incógnitas?

3. O que é modelo?

4. O que é modelagem?

5. O que é modelagem matemática? Dê dois exemplos de modelos matemáticos.

6. Uma empresa que fabrica notebooks precisa importar o chip e a placa. Em cada notebook entram três chips e seis placas. Existem duas empresas na China que fabricam kits contendo esses componentes, conforme apresenta o quadro seguinte:

	Kit X	Kit Y
Chips	2	1
Placas	3	2

Quantos kits devem ser comprados de cada empresa?

7. Considere uma empresa localizada numa pequena cidade do interior de Goiás, que comercializa dois produtos X e Y, adquiridos de fábricas localizadas em outras regiões do País. Ambos os produtos possuem o mesmo volume e têm de ser estocados num galpão que pode acomodar no máximo 250 volumes de X ou de Y. Porém, ambos possuem restrições.

O produto Y só pode ser encomendado para entrega trimestral e a quantidade máxima de entrega é de 200. O produto X só pode ser encomendado em quantidades maiores que 20 unidades, senão não há entrega na região. Pela relação de lucro, sabe-se que o produto Y fornece o dobro de lucro que o produto X. Qual é o valor de lucro máximo que podemos obter e qual o mix de compra ideal?

8. Dê dois exemplos de modelos físicos.

9. Uma empresa, a SuperLink, recarrega seis cartuchos HXP de tinta de impressora por hora se fizer somente esse tipo de cartucho, ou então carrega cinco cartuchos LexLuthier por hora se fizer somente esse tipo de cartucho. Ela gasta quatro unidades de tinta para fabricar duas unidades de HXP e duas unidades de tinta para fabricar duas unidades de LexLuthier. Sabendo que o total disponível de tinta é de 12 unidades, que o lucro por cartucho HXP é de R$ 10,00 e o de LexLuthier é R$ 8,00, qual é o melhor modelo de produção para se obter o máximo lucro?

10. Explique as possibilidades dos sistemas em relação a serem possíveis e determinados, possíveis e indeterminados e impossíveis.

13

Progressão Aritmética e Progressão Geométrica

"Progredir é avançar, ir para frente."
Senso popular

13.1 Progressão aritmética (PA)

Progressão aritmética é a sequência numérica na qual cada elemento, ou termo, a partir do segundo é igual ao termo anterior somado com um valor fixo denominado razão.

Numa progressão aritmética, o termo geral, denominado a_n, é dado pela fórmula:

$$a_n = a_1 + (n - 1) \times r$$

Em que:

➡ a_n é o termo ou elemento geral;

➡ a_1 é o primeiro elemento da PA;

➡ n é o número total de elementos dessa PA;

➡ r é a razão ou número que será adicionado de um elemento para o próximo. Essa razão pode ser positiva, negativa, fracionária.

Aplicação

Um estoque de peças de uma ferrovia possui 5.000 peças de freio. A cada dia ocorre uma diminuição constante de dez peças, as quais são instaladas nos vagões ferroviários sistematicamente, nas manutenções preventivas, de modo a não precisar de manutenção corretiva. Em quantos dias o estoque chegará ao valor limite que é 1.000, a partir do primeiro dia, no qual o estoque estava em 5.000 (e que obrigará à compra de peças dos freios para o estoque)?

Resolução

Temos diminuição constante. Trata-se de uma PA com valor de r = −10.

Cada dia equivale a um valor inteiro para "n".

O valor inicial era a_1 = 5.000 e o valor final será a_n = 4.000.

Usando a fórmula:

$$a_n = a_1 + (n - 1) \times r$$
$$4000 = 5000 + (n - 1) \times (-10)$$
$$-1000 = -10n + 10$$
$$10n = 1000 + 10$$
$$n = 1010/10 = 101$$

n = 101, ou seja, no 101º dia, será alcançado o limite preventivo do estoque. Como três meses são 90 dias, é preciso comprar peças de freio novas para o estoque após algo em torno de três meses e uma semana e meia.

Outro cálculo importante para PA é a soma de elementos de uma PA:

$$S = \frac{(a_1 + a_n) \times n}{2}$$

Sendo:

➥ S = soma dos termos da PA

Os demais componentes da fórmula já foram apresentados anteriormente.

Aplicação

Pretende-se instalar placas de sinalização a cada 7 km numa rodovia cuja extensão é de 500 km. A primeira placa será instalada no início, ou seja, no quilômetro zero. A vigésima placa será instalada em qual quilometragem?

Resolução

$$a_{20} = 0 + (20 - 1) \times 7 = 19 \times 7 = 133 \text{ km}$$

13.2 Progressão geométrica (PG)

Progressão geométrica é sequência de números não nulos em que cada termo a partir do segundo é resultado do anterior multiplicado pela razão.

A fórmula geral dos elementos ou termos de um PG é:

$$a_n = a_1 \times q^n$$

Em que:

➡ **a_n** é um termo ou elemento geral de uma PG

➡ **a_1** é o primeiro elemento de uma PG

➡ **q** é a razão da PG

➡ **n** é o número de elementos até o a_n

Aplicação

Uma determinada aplicação de dinheiro rende 28% ao ano. João Carlos aplicou R$ 200.000,00 há cinco anos e não mexeu no dinheiro. Apenas ia mensalmente verificar o rendimento.

Passados cinco anos, quanto João terá no banco?

Resolução

Trata-se de um problema de PG, pois há um crescimento anual de 1,28 multiplicado pelo valor anterior.

O valor inicial era de R$ 200.000,00, em 2004, e agora, em 2009, passados n = 5, o novo valor será:

➡ $a_n = a_1 . q^n$

➡ $a_5 = 200.000 \times 1,28^5 = 200.000 \times 3,436 = $ R$ 687.194,76

Existe uma fórmula que apresenta a soma dos elementos de uma PG.

$$S_n = \frac{a_1(q_n - 1)}{n - 1}$$

Em que:

➡ S_n = soma dos elementos de uma PG

Os demais componentes já foram apresentados anteriormente.

Exercícios propostos

1. Um alto-forno é um equipamento destinado à produção de ferro-gusa e normalmente funciona 365 dias por ano, durante vários anos sem parar. É um grande reator, no interior do qual ocorrem várias reações químicas. No equipamento existe muita instrumentação que fornece informações de controle e muita automação, por meio de computadores, os quais fornecem respostas mais rápidas para o funcionamento correto do forno.

   Ele normalmente opera em siderúrgicas de grande porte. Sua altura pode ultrapassar 100 metros. É abastecido na parte superior com minério de ferro, carvão, calcário e outras matérias-primas e insumos necessários à produção do ferro-gusa. Este, por sua vez, passa por outros processos para se transformar em aço. No interior dos altos-fornos existe o revestimento de material refratário, o qual deve suportar a alta temperatura e as condições do processo.

   Quando o forno está com revestimento refratário novo e vai iniciar a operação, é necessário fazer um programa de aquecimento, que inclui o aquecimento lento até altas temperaturas. Um aquecimento muito rápido poderia causar o choque térmico e faria com que os refratários trincassem e diminuíssem drasticamente sua vida útil.

   Os queimadores estão posicionados no interior do forno, são regulados e o aquecimento é feito lentamente até determinadas temperaturas que vão permanecer por horas, para que o refratário sofra transformações e depois continue o aquecimento lento e gradual.

   O programa de aquecimento, que seguia uma progressão aritmética cujo valor inicial era de 20 graus, é o final da primeira etapa de aquecimento, de 250 °C. Se a temperatura tiver incrementos no medidor, de 10 em 10 °C a cada meia hora, identifique o primeiro termo, o último termo, a razão e o número de termos para essa faixa de aquecimento.

   Qual será o décimo quinto termo, ou seja, o valor de temperatura do forno?

2. O pneu de um veículo, a cada giro que dava, acrescentava 1,5 m à distância percorrida. Quando ele começou a andar, foi acionado o marcador de quilômetros rodados a partir do zero. Se a roda que contém o pneu em

volta girou 5.000 vezes, aproximadamente quantos quilômetros o veículo rodou?

3. Numa rodovia decidiu-se instalar um telefone no km 7 e outro no km 133. Posteriormente, decidiu-se colocar mais 20 telefones espaçados igualmente entre os dois já instalados. Qual será a distância entre os telefones?

4. Apesar de estar dimensionada para produzir milhares de veículos mensalmente, uma fábrica produzirá 1.500 veículos especiais por mês. Estão em curso obras que permitirão que a fábrica produza, além dos 1.500, 200 veículos a mais a cada mês.

   Caso estas condições permaneçam constantes nos próximos dois anos, qual o total de veículos produzidos nesse período?

5. Uma programadora de computadores experiente, a Sra. Carla, fez um contrato particular como free-lancer pelo qual receberá por hora de trabalho.

   No contrato, ela se compromete a fazer, em média, 20 linhas de código na linguagem C de programação de computadores (a serem conferidas pelo líder de projeto, pelo supervisor, pelo chefe da seção de programação e pelo gerente de projetos), nas quais não estão incluídos os comentários e demais ajustes.

   A programadora recebe um valor fixo por hora de R$ 75,00. Normalmente trabalha em casa. Começa o serviço um pouco antes das 7 horas e trabalha o dia inteiro até as 23 horas. Almoça e toma café em frente ao computador e só sai para ir ao banheiro ou para fazer pequenas sessões de ginástica e tomar isotônicos.

   Aproveitando as férias da faculdade nos meses de dezembro e janeiro, já conseguiu trabalhar dez dias em dezembro, restando mais 21 dias, e em janeiro terá mais 31 dias.

   Como ela trabalha sem parar e está disposta a ganhar um bom dinheiro, pois só terá esse período antes de recomeçarem as aulas na faculdade, pergunta-se:

   Considerando o ganho da programadora uma PA, qual é o primeiro termo, qual é o último termo, qual a razão, quanto terá acumulado de ganho no dia 31 de dezembro às 23 horas?

   No primeiro dia de trabalho, como ela iniciou às 7 horas, às 17 horas ela estará no décimo termo da PA. Quanto terá ganhado até o décimo termo?

6. Um vendedor ganha um salário fixo de R$ 850,00 que é considerado uma primeira venda já realizada, mais comissões fixas de R$ 150,00 para cada produto vendido.

   Os produtos vendidos são numerados sequencialmente a cada mês de modo que se tem uma PA. Qual a razão da PA? Qual o termo inicial? Como a venda a cada mês pode variar? Qual o valor recebido pelo vendedor após ter realizado a 11ª venda mensal?

   Caso o vendedor bata um recorde de vendas num determinado mês, tendo vendido 100 unidades do produto, qual será o valor da centésima unidade vendida?

7. Numa indústria farmacêutica que fabrica tubetes de anestésico para uso odontológico, um técnico pega uma caixa plástica de tamanho padrão e coloca dois tubetes no primeiro dia, quatro tubetes no segundo, oito no terceiro etc.

   No dia em que recebeu 256 tubetes, a caixa ficou completamente lotada. Considerando o conceito de PG, quando isso aconteceu a partir do primeiro dia?

8. José da Silva aposta na loteria semanalmente (ele faz um "bolão" juntando o dinheiro de vários colegas, e a cada semana há mais amigos que participam).

   A regra que José criou é esta: a cada semana ele aposta o dobro do valor da semana anterior. Na primeira semana ele apostou R$ 45,00. Qual o valor total apostado após dez semanas?

9. O preço do barril de petróleo entre 2006 e 2007 aumentou bastante. Havia épocas em que o preço aumentava na base de 10% ao mês. Neste período, considerando um valor inicial de 80 dólares o barril, em sete meses qual foi o valor final?

10. Uma fábrica de veículos especiais (anfíbios, com duplo motor, seis rodas, blindados e características de jipe esportivo) começou a produção do modelo em 2002 com 20 unidades, e sempre há encomenda para vários meses à frente. A expansão a cada ano foi de 15% em relação ao ano anterior e tem se mantido constante. Qual a previsão para 2009?

14

Estatística e Probabilidade

14.1 O que é estatística?

Estatística é a ciência dos dados.

Estatística descritiva é a organização e simplificação das informações. Ela se divide em métodos numéricos e métodos gráficos. Enquanto o primeiro cuida das medidas de tendência central e de dispersão, o segundo cuida da apresentação de resultados por meio de gráficos.

Por meio da estatística, pode-se entender o que ocorre nos processos, nas empresas, nas pessoas, nos municípios, nas escolas e nos processos industriais. Pode-se também fazer inferência e previsões, e, dessa forma, saber, até com certo grau de segurança, o que acontecerá nos processos, de modo a ter previsibilidade e controle.

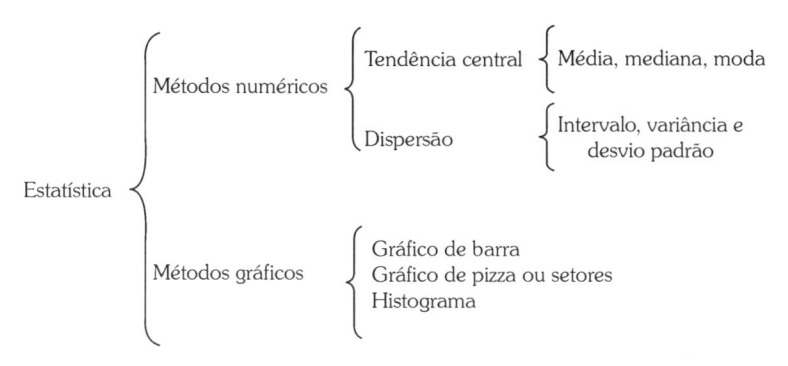

```
                                    ┌ Tendência central ─ Média, mediana, moda
                ┌ Métodos numéricos ┤
                │                   └ Dispersão ─ Intervalo, variância e desvio padrão
Estatística ────┤
                │                   ┌ Gráfico de barra
                └ Métodos gráficos ─┤ Gráfico de pizza ou setores
                                    └ Histograma
```

Existe uma importância no estudo dos números, os quais estão associados a grandezas.

Medimos grandezas que existem na natureza e também outras criadas pelas empresas.

Só podemos controlar o que podemos medir.

Os números podem ser coletados, armazenados, classificados, calculados, exibidos, apresentados e utilizados para a tomada de decisão.

O método estatístico é parte do método científico. O método científico é fundamental na criação de trabalhos que serão aceitos pela sociedade, comunidade e empresas. Esse método oferece aos pesquisadores, tecnólogos e técnicos a possibilidade de trabalharem com autonomia. Como exemplo de autonomia pode-se criar trabalhos seguindo normas, portanto serão aceitos no Brasil.

Algumas normas brasileiras (NBR), criadas pela Associação Brasileira de Normas Técnicas (ABNT): resumo em português (norma ABNT/NBR-6028), referências bibliográficas (de acordo com a norma ABNT/NBR-6023), sumário de acordo com a norma ABNT/NBR-6027, o índice deve ser elaborado conforme a norma ABNT/NBR-6034 e subdivisão de capítulos sempre em número arábico, de acordo com a norma ABNT/NBR-6024.

Um trabalho científico, como é o caso do trabalho de conclusão de curso (TCC), tese, dissertação, artigo científico, resenha etc., terá aceitação por toda a comunidade quando for criado com métodos científicos e estatísticos definidos.

Mas como é possível criar trabalhos usando critérios estatísticos que sejam válidos como trabalhos científicos?

Tudo começa pelos objetivos, por perceber onde se pretende chegar, que população será estudada e como se pretende realizar a amostragem. Quando se fala em amostragem, fala-se no modo como os dados serão coletados.

Vamos aprender a coletar dados.

14.1.1 Conceitos importantes

Um conceito é uma forma de ver, uma ideia e não uma definição. No caso da definição, ela é fechada, precisa e não admite muita variação.

14.1.1.1 População

Uma população é um conjunto de elementos que possuem as mesmas características.

Uma população contém elementos.

Exemplos de aplicação

1. população de pregos numa caixa de pregos de 5 kg;
2. população de cadeiras de um auditório;
3. população de contêineres de um navio;
4. população dos computadores pertencentes a uma empresa;
5. população de estudantes de tecnologia em Redes de Computadores da faculdade XYZ;
6. população dos eleitores do estado do Rio de Janeiro;
7. população de bois de uma determinada fazenda.

14.1.1.2 Amostra

Uma amostra é uma parte da população ou subconjunto da população.

As amostras são obtidas pelo processo de amostragem. Na amostragem, planeja-se a forma de coletar amostras.

Exemplos de aplicação

1. De uma caixa de pregos de 5 kg pegou-se uma amostra de dez pregos para testar a resistência, flambagem (isto é, teste do arqueamento) e dureza. Note que a amostra é uma pequena parte da população. Porém, há casos em que se pode fazer a amostragem de 100% da população, e isso ocorre principalmente quando a população é pequena, ou seja, que contém poucos elementos.

2. Amostra de 1.000 pessoas, que é um subconjunto do conjunto total de eleitores de um determinado estado.

3. Amostra de dez cadeiras pegas aleatoriamente da população de cadeiras de um auditório.

14.1.1.3 Amostragem

A amostragem bem realizada e descrita permite a repetição e fornece os primeiros critérios para que um estudo com método estatístico seja válido para relatórios, artigos e trabalhos tecnológicos e científicos.

A coleta de amostras pode ocorrer de modo:
- Aleatório
- Sistemático
- Estratificado
- Estratificado ordenado

14.1.1.3.1 Técnicas e métodos de amostragem

Os métodos de amostragem utilizados para a coleta de amostras devem ser mencionados ou descritos nos relatórios técnicos ou relatórios científicos elaborados pelos pesquisadores, técnicos e tecnólogos. Vejamos os principais tipos de métodos de amostragem:

14.1.1.3.2 Amostragem de conveniência

Nesse tipo de amostragem, pega-se a amostra que "deu para pegar", porque foi o mais conveniente para o pesquisador na hora de realizar a amostragem. Essa situação pode ocorrer em casos em que o tempo está muito limitado, ou quando a amostragem será feita em locais de difícil acesso ou em condições difíceis.

14.1.1.3.3 Aleatória simples

Numa amostragem aleatória, pegam-se as amostras ao acaso, sem um critério muito claro, tentando apenas pegar os elementos de modo mais espaçado possível. Por exemplo, se precisamos coletar algumas peças de um estoque, para serem testadas, vamos pegar uma de um canto da sala, outra de outro canto, outra do centro, de modo que não sejam amostras concentradas somente em uma região e que podem apresentar-se boas, ao passo que em outras regiões do estoque podem apresentar defeito. É preciso espaçar a amostragem aleatória, distribuindo a coleta o melhor possível ao longo da população estudada, e também descrever nos relatórios ou trabalhos o modo como foi realizada a amostragem, e que possa ser repetida por outras pessoas.

14.1.1.3.4 Sistemática

Uma amostragem pode ser sistemática; por exemplo, num bairro, nas ruas pega-se uma casa sim e quatro não, uma sim e quatro não... sistematicamente.

14.1.1.4 Dimensionamento do tamanho de amostras (N)

Para se fazer o dimensionamento com um grau de confiança Z, considerando-se uma população infinita, há alguns casos, mas num dos mais simples com para população infinita e variável no intervalo (LUCHESA; CHAVES NETO, 2011):

$$N = \left(\frac{Z \cdot \sigma}{E}\right)^2$$

Em que: Z é grau de confiança depende da % de acerto pedida no problema: para 90%, Z = 1,6. Para 95%, Z = 2,0 e, para 99%, Z = 2,6%.

E é o erro, que é a diferença entre a média amostral e a populacional.

Exemplo

Qual o tamanho da amostra com cerca de 95% de certeza para a média populacional 100 e amostral 110, e sigma^2 (variância) = 60.

N = $2^2.160/10^2$ = 160/5 = 32, ou seja, 32 elementos.

14.1.2 Processamento de dados

Assim que os dados sejam coletados, a próxima etapa do trabalho estatístico é o tratamento ou processamento dos dados.

O primeiro tratamento pode ser o da divisão em classes. Esse trabalho é importantíssimo para dar validade ao estudo que está sendo realizado.

14.1.2.1 Aplicação da divisão em classes

Realizou-se um estudo para saber o número médio de calçado de uma determinada população. Havia crianças a partir de cinco anos, moças e rapazes até 30 anos. Para que esse estudo tenha validade, como as médias de número de sapato deveriam ser segmentadas?

Resposta: A primeira grande divisão de classes deve ser feita entre masculino e feminino. Deve-se coletar os números de sapato só dos rapazes separado do número das moças.

A finalidade é a seguinte: em geral, os pés dos rapazes são maiores que os das moças.

Caso se fizesse o estudo conjunto, haveria erro no cálculo das médias que não representariam corretamente os valores da população. Outra divisão em classes deve ser realizada conforme a faixa etária. Neste caso, pode ser criada uma classe para os rapazes acima de 18 até 30 anos, pois se supõe que os pés não cresçam mais nesta faixa etária, portanto teremos uma média mais acertada. De modo semelhante, para as moças também podemos criar a faixa de 18 a 30 anos, juntamos todos os números de sapato coletados e tiramos a média.

Outras faixas podem ser conforme a idade, por exemplo, de cinco anos inclusive a seis anos incompletos, mais uma faixa de seis anos inclusive até sete anos incompletos e assim por diante até chegar aos 18 anos incompletos, cobrindo toda faixa etária e também, de modo semelhante, realizando o estudo separado para rapazes e moças.

Da forma como se realizou a divisão de classes para cálculo das médias de tamanho de sapato, pelo menos, as médias serão mais representativas para as classes consideradas.

14.2 Elaboração de tabelas

As tabelas são construídas seguindo normas do IBGE. Devem possuir o título na parte superior. Não são fechadas nas laterais. Possuem títulos de colunas e normalmente não necessitam de linhas internas. Caso haja fonte, é preciso citá-la na parte inferior da tabela e no lado direito.

Veja a seguir uma aplicação de uma tabela:

Construa uma tabela que apresente as porcentagens 10%, 35%, 41% e 16%, totalizando 100%, respectivamente, para as filiais A, B, C e D de uma organização. Veja a Tabela 14.1.

Tabela 14.1 - Porcentagem das vendas realizadas por filiais da empresa X

Filial	Porcentagem
A	10
B	35
C	41
D	16
Total	100

Fonte: empresa X

Observe que a tabela é leve, sem detalhes inúteis, com o mínimo de informação.

A ausência das linhas laterais de fechamento, e também de linhas interiores, tanto na vertical quanto na horizontal, faz com que a tabela não "canse os olhos" e também que fique de acordo com as normas.

Se fecharmos as laterais e também colocarmos linhas internas na vertical e na horizontal, deixa-se de ter uma tabela e passa-se a ter quadros. Neste caso, é preciso citar nos textos que a informação está no quadro. O título dos quadros também vem acima. Caso o quadro seja construído com informações de terceiros, é preciso citar a fonte na parte inferior.

14.3 Medidas de tendência central

14.3.1 Cálculo de médias

14.3.1.1 Média simples

Média simples é o valor que se obtém com a divisão da soma dos valores das amostras pelo número de amostras.

Exemplo de aplicação

Calcule a média de valores de voltagem para a seguinte amostra de medições: 1) 3 V; 2) 5 V; e 3) 4,6 V.

Resolução

Como são três valores e a soma deles é 12,5 V, então a média = 12,6/3 = 4,2 V.

14.3.1.2 Média ponderada

Média ponderada é aquela na qual cada valor possui um peso. Por exemplo: calcule a média ponderada semestral de um aluno, considerando que a nota de exercícios tem peso 4 e a nota da prova tem peso 6. O aluno tirou 10 nos exercícios e 7 na prova.

Resolução

$$\text{Média ponderada} = \frac{4 \times 10 + 6 \times 7}{4 + 6} = \frac{40 + 42}{10} = \frac{82}{10} = 8,2$$

Note que o numerador é obtido multiplicando cada parcela pelo seu respectivo peso e o denominador é resultado da soma dos pesos, que no caso são 4 e 6, e dá um total de 10.

Uma observação importante é que, para que um valor de média seja válido, é preciso que a diferença entre o maior valor da amostra e o menor valor seja bem menor que o valor da média. O valor da diferença mencionada é a amplitude.

Caso o valor da amplitude seja maior que o valor da média, o estudo ou o cálculo da média perde sua validade. Vamos exemplificar:

14.3.2 Aplicação da amplitude

A amplitude não é uma medida de tendência central, mas sim uma medida de dispersão, isto é, o quanto os valores se afastam em relação à média. As medidas de dispersão servem para mostrar o quanto os valores de tendência central são confiáveis. Veja o exemplo a seguir:

Numa entrevista na televisão, um empresário afirma que a média salarial em sua empresa é de R$ 15.000,00, alta para os padrões comuns, e sua empresa é muito boa para trabalhar. O leitor atento deve desconfiar dos números, da mesma forma que o repórter entrevistador. Se o entrevistador for mais a fundo e perguntar: quantos funcionários a empresa possui? E a seguir perguntar: qual a amplitude, isto é, a diferença entre o maior e o menor salários na empresa? E a resposta for: a amplitude é de R$ 42.000,00 e o número de funcionários total é três, então o que ocorre é o seguinte:

O dono que é o funcionário de maior salário ganha R$ 43.000,00 por mês.

Os outros dois funcionários ganham cada um R$ 1.000,00 por mês, num total de R$ 2.000,00 por mês.

A média dos três salários é realmente R$ 15.000,00. Porém, como a amplitude é muito maior que a média, ela deixa de ser significativa, ou seja, o valor da média não tem significado nenhum neste estudo.

14.3.3 Cálculo de moda

Moda é o valor que aparece com mais frequência. Por exemplo, se pegarmos o conjunto de números 0,5,3,7,6,8,9,0,2,3,4,3,4,0,8, nota-se que o número zero é o que aparece com maior frequência. Este número é chamado de moda.

14.3.4 Cálculo da mediana

Mediana é o valor que fica exatamente na metade de um conjunto de números, desde que os números estejam numa ordem crescente ou decrescente.

14.3.5 Outras medidas de dispersão

Além da amplitude, outras medidas de dispersão são a variância e o desvio-padrão.

A variância de uma população é calculada pela soma do quadrado das diferenças entre cada valor da amostra em relação à média, dividida pelo número de elementos.

$$\sigma^2 = \frac{1}{N}\sum_{i=1}^{N}(\text{cada valor da população} - \text{média da população})^2$$

Extraindo a raiz quadrada de sigma, temos o que se chama desvio-padrão, ou seja, desvio-padrão é o valor de quanto é a dispersão em relação ao valor médio da população.

Já a variância para uma amostra é calculada por:

$$s^2 = \frac{1}{n-1}\sum_{i=1}^{n}(\text{cada valor da amostra} - \text{média da amostra})^2$$

Exercícios propostos

1. Que tipo de amostragem foi realizado quando se determinou para os operadores de uma linha de produção que a cada dez peças que passassem fosse pega uma amostra?

2. Quando um astronauta teve de pegar restos de um satélite que havia explodido, ele pegou o que conseguiu no espaço, pois as condições de trabalho eram muito adversas. Que tipo de amostragem foi realizado?

3. Realizou-se uma amostragem de alunos numa sala de aula (população), pegando sistematicamente pela lista de chamada os alunos de número par. Que tipo de amostragem é este?

4. Numa medição de tempo de fabricação de um tipo de autopeça, foram obtidos os seguintes valores: 5,3 s; 5,6 s; 5,2 s; 5,3 s; 4,9 s; 5,3 s; 5,5 s; 5,4 s; 5,3 s. Qual a média?

5. Para a medição anterior, qual o valor da moda?

6. Para a medição anterior, qual o valor da mediana?

7. Para calcular a média de nota de disciplina num curso de pós-graduação, considere a primeira nota com peso 4 e a segunda com peso 6. Calcule as médias apresentadas no quadro seguinte:

*Notas de alunos do curso de pós-graduação
em Redes de Computadores da faculdade X*

Nome do pós-graduando	1ª nota	2ª nota
Aluno 1	9,0	10
Aluno 2	8,5	9,5
Aluno 3	10	7
Aluno 4	7	8
Aluno 5	8	10
Aluno 6	10	9
Aluno 7	9	8

8. No exercício 4, qual o valor da amplitude para os dados?

9. No exercício 7, qual a maior amplitude, a das primeiras notas ou a das segundas notas?

10. Numa linha de produção de aparelhos celulares, a cada 50 aparelhos que passavam, pegava-se sempre o último para realização de testes para aprovação ou reprovação do lote. Que tipo de amostragem se realizou? Qual era o tamanho da população? Qual era o tamanho da amostra?

14.4 Probabilidade

Probabilidade é a relação entre a possibilidade de acontecer um evento dividida pelo número total dos eventos possíveis de acontecer para aquele caso.

Sendo uma fração, a probabilidade é representada por um número pequeno, entre zero e um. Desta forma, multiplicando por 100, podemos apresentar a probabilidade porcentual, ou seja, em termos de porcentagem de acontecer um evento.

Exemplo

No caso do lançamento de uma moeda, as possibilidades totais são duas: ou sai "coroa" ou sai "cara". Quando a moeda for lançada e cair, somente um evento ocorrerá, portanto a probabilidade de sair o evento cara é ½, ou 50%, bem como a probabilidade de sair coroa também é ½ ou 50%.

Para o caso do lançamento de um dado, há seis possibilidades, ou seja, as seis faces do dado, e este é o espaço amostral. Então, quando se lança um dado e ele cai sobre a mesa, a probabilidade de sair o número 1 é 1/6, ou seja, 16,67%.

Lançando o dado, qual a probabilidade de sair o número 2? O resultado é 1/6 e assim sucessivamente até chegar ao número 6, cuja probabilidade de sair, no lançamento do dado, é de 1/6, pois o número 6 representa apenas uma face do dado.

14.4.1 Curva normal

Também é conhecida como curva dos sinos. Ela representa uma distribuição das mais importantes que existem para grandes populações, isto é, ela é aplicável quando as populações possuem muitos elementos.

Pode-se obter uma curva normal a partir de um histograma.

A área sob a curva representa 100% das probabilidades de acontecerem eventos ligados à curva.

A curva possui um máximo no valor da média e nas extremidades tende a zero.

É uma curva simétrica em relação ao eixo central. Metade abaixo do eixo central corresponde a 50% e a outra metade acima corresponde também a 50%.

A curva normal possui desvios à direita e à esquerda do valor médio. A Figura 14.1 apresenta uma curva normal obtida de um histograma.

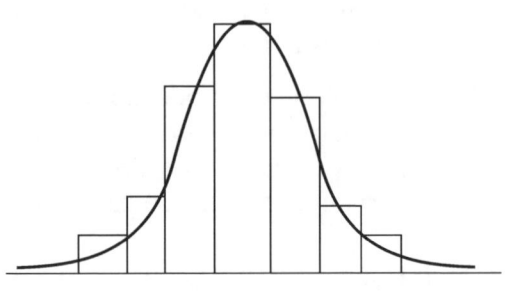

Figura 14.1 - Curva normal obtida de um histograma.

Numa curva normal, a média, a moda e a mediana possuem mesmo valor.

A média é o maior valor da curva, como se pode observar na figura seguinte:

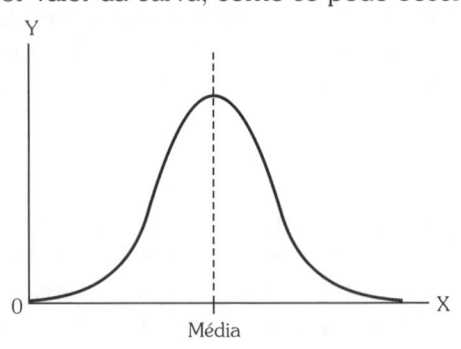

A curva normal possui desvios representados pela letra grega sigma minúsculo "σ".

A área abaixo da curva normal em termos porcentuais, em relação à curva total, está relacionada com o número de desvios-padrão. Desta forma, a área abaixo de um desvio-padrão é de:

➡ 68,26% = um desvio, ou 1 σ acima e outro abaixo da média.

A área abaixo de dois desvios-padrão é de:

➡ 95,44% = dois desvios, ou 2 σ acima e dois abaixo da média.

A área abaixo de três desvios-padrão é de:

➡ 99,73% = três desvios, ou 3 σ acima e três abaixo da média.

Com três desvios acima e três desvios abaixo da média tem-se um total de seis desvios, por este motivo é que se denomina seis sigmas. As empresas que trabalham seus processos com seis sigmas garantem que 99,73% dos produtos são bons, ou seja, que estão dentro das especificações e somente uma pequena porcentagem, menor que 1 e próximo a zero, é que pode apresentar defeitos.

A Figura 14.2 ilustra a questão dos desvios-padrão ou σ:

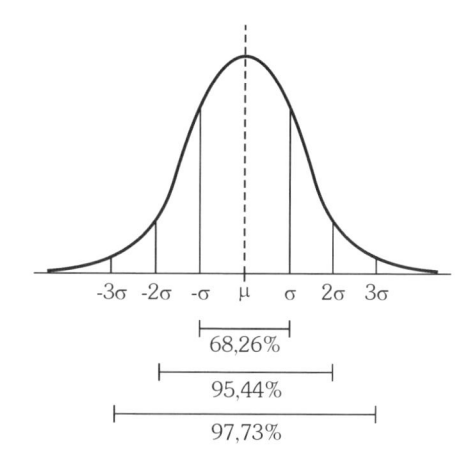

Figura 14.2 - Curva normal e os desvios 1 σ, 2 σ e 3 σ.

Exemplo de aplicação da curva normal

Numa padaria, fabrica-se pão de queijo de 50 g com desvio-padrão de +/− 5 g. No processo antigo, manual, conseguia-se trabalhar com os pesos dos pães de queijo obedecendo à precisão de um sigma.

Quando foi introduzida a fabricação por meio de máquinas automatizadas na padaria, a precisão dos pesos dos pães de queijo fabricados aumentou para três sigmas, ou seja, a dono da padaria fez a propaganda na qual a padaria trabalhava com seis sigmas. Pergunta-se:

a) Na situação antiga, qual a porcentagem de pães de queijo que estava na faixa de +/− um sigma?

b) Na situação atual, qual a porcentagem de pães de queijo que está na faixa dos seis sigmas?

Resolução

a) 68,26%

b) 99,73%

14.4.2 Curva normal reduzida

Existe um tipo de curva normal que é obtido da curva normal anterior, deslocando-se o eixo e dividindo-se por 100, de modo que o eixo central da curva normal coincida com o eixo Y, e a área total abaixo da curva seja igual a 1. Essa curva é denominada "curva normal reduzida", e nesta obra é apenas mencionada sua existência.

14.4.3 Curtose

A curtose de uma curva normal mede o quanto ela está "achatada". A Figura 14.3 ilustra a comparação dos tipos leptocúrtico (mais afinada), mesocúrtico e platicúrtico (mais achatada).

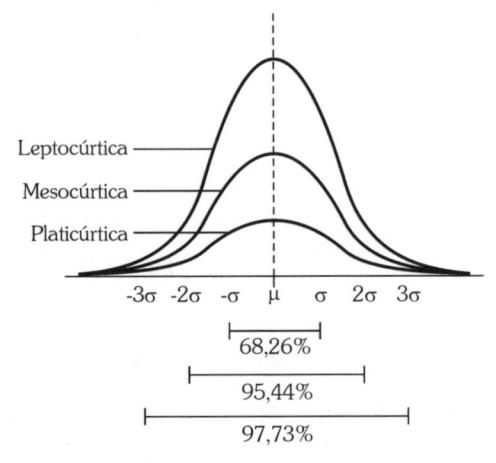

Figura 14.3 - Curtose de uma curva normal padronizada.

Exercícios propostos

1. Num switch havia 12 portas livres. Qual a probabilidade de queimar uma porta?
2. Num determinado ponto de um DVD há um bit gravado. Qual a probabilidade de o bit ser zero? Qual a probabilidade de o bit seguinte também ser zero?
3. Qual a probabilidade de lançar um dado e sair o número 7?
4. Supondo que no mercado haja cinco marcas (A, B, C, D e E) de alicates de conectorização ou crimpagem de conectores RJ-45, todas com o mesmo preço e as mesmas características de durabilidade e precisão na realização

do trabalho e com disponibilidade de compra idêntica nas lojas do ramo, qual a probabilidade de adquirir um alicate do tipo E?

5. Numa fábrica de chaparia de aço, o processo de corte manual com maçarico oxiacetilênico induzia a uma perda grande e o processo para atendimento aos clientes estava em um sigma. Com a introdução de corte automatizado por tesoura mecânica, atualmente se trabalha com dois sigmas de precisão. Futuramente, pretende-se trabalhar com o corte computadorizado a laser, o qual oferece três sigmas para o processo. No processo manual, que porcentagem de produtos estava na faixa? Com o processo de corte por meio de tesoura mecânica, qual porcentagem estava na faixa e com o processo futuro de corte a laser, qual porcentagem estará na faixa?

6. Qual o valor da média, moda e mediana para a curva dos sinos seguinte que representa a idade dos alunos de uma faculdade?

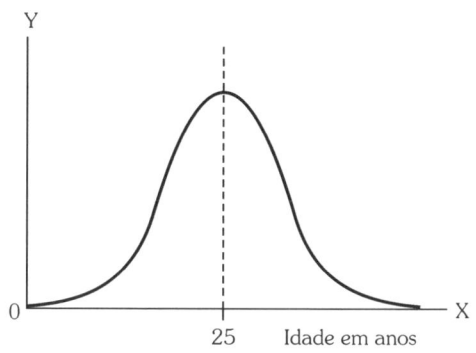

7. Numa fábrica de paçocas, cada paçoca pesava em média 20 g e possuía um desvio-padrão de 2 g. As paçocas eram agrupadas de 30 em 30, em embalagens plásticas cujo desvio era de 5 g. Qual o desvio-padrão de um conjunto de 30 paçocas embaladas no plástico?

8. Numa medição de valores de altura de milhares de soldados de um exército, notou-se que, em relação à média de 1,76 m, havia um desvio-padrão de +/− 5 cm. Sabendo que a norma do exército baixada para aquele ano exigia que se trabalhasse com todos os soldados dentro de dois sigmas de tolerância de altura, qual a menor altura de soldados aceita e qual a maior altura aceita (observação: os soldados que estivessem fora da faixa considerada seriam dispensados)?

9. Num restaurante os cozinheiros estão distribuindo comida nas bandejas com uma média de 400 g de alimento por pessoa. Ocorre que o processo não é preciso e trabalha-se com um sigma de 100 g. Qual a porcentagem de pessoas que recebem nos pratos menos que 300 g e qual porcentagem recebe mais que 500 g?

10. Em relação à questão anterior, num determinado dia passaram pelo restaurante 3.000 pessoas. Quantas pessoas comeram acima de 500 g?

15

Trigonometria

A trigonometria surgiu como ramo da matemática prática, com objetivo de determinar distâncias que não podiam ser medidas de modo direto. Ela é importante para topografia, astronomia, navegação e cálculos na construção civil e de peças na mecânica.

15.1 Arcos e ângulos

Uma volta inteira ao redor de um círculo, isto é, uma circunferência, faz com que giremos um ângulo de 360°. A metade de um círculo é um semicírculo. Partindo de um raio limite e seguindo a borda do semicírculo, seguindo um arco de metade de uma circunferência, giramos 180°, como ilustra a figura seguinte:

Giro de 180°
mostrado em pontilhado

Mais uma vez, cortando a figura pela metade, temos um giro de 90°, que é um quarto da circunferência, como ilustra a figura seguinte. Cada quadrante acrescenta 90°.

No primeiro quadrante temos 90°, no segundo chega a 180°, no terceiro chega a 270° e no final volta a 360° novamente, na primeira volta.

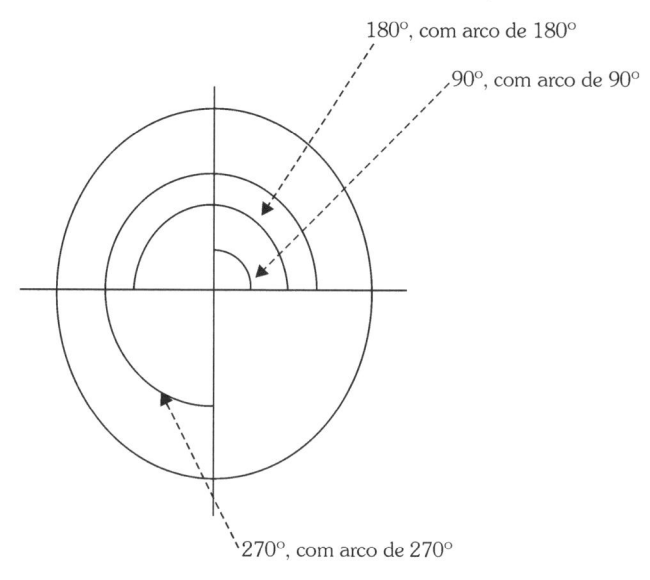

15.2 Ângulos de triângulos retângulos

Um triângulo retângulo é aquele que possui um dos ângulos reto, ou seja, de 90°. Fora desse ângulo de 90° existem outros dois ângulos cuja soma deve ser também 90°, pois os ângulos internos de um triângulo sempre somam 180°.

Observe o seguinte triângulo retângulo:

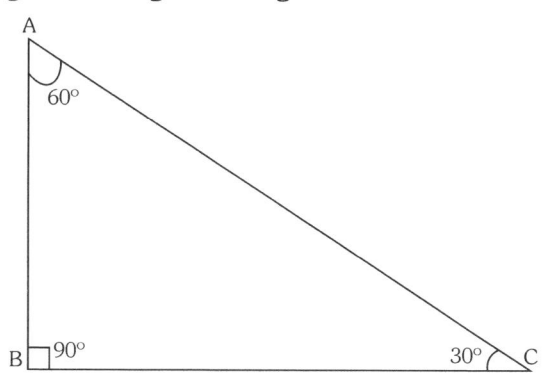

Considerando o ângulo de 30°, o lado adjacente a esse ângulo é BC e o lado oposto é AB.

A hipotenusa é o maior lado, ou seja, é AC.

Nestas condições, definem-se senos de 30° e de 60°:

➡ $\text{Sen } 30° = \dfrac{\text{cateto oposto}}{\text{hipotenusa}} = 0,500$

➡ $\text{Sen } 45° = \dfrac{\text{cateto adjacente}}{\text{hipotenusa}} = 0,707$

➡ $\text{Sen } 60° = \dfrac{\text{cateto adjacente}}{\text{hipotenusa}} = 0,866$

A seguir se definem cossenos de 30° e de 60° como sendo:

➡ $\text{Cos } 30° = \dfrac{\text{cateto adjacente}}{\text{hipotenusa}} = 0,866$

➡ $\text{Cos } 45° = \dfrac{\text{cateto adjacente}}{\text{hipotenusa}} = 0,707$

➡ $\text{Cos } 60° = \dfrac{\text{cateto oposto}}{\text{hipotenusa}} = 0,500$

Define-se também a tangente como sendo:

➡ $\text{Tg } 30° = \dfrac{\text{cateto oposto}}{\text{cateto adjacente}} = 0,577$

➡ $\text{Tg } 45° = \dfrac{\text{cateto oposto}}{\text{cateto adjacente}} = 1,000$

➡ $\text{Tg } 60° = \dfrac{\text{cateto oposto}}{\text{cateto adjacente}} = 0,732$

15.3 Cálculo de áreas de triângulos usando os senos

A área de um triângulo é igual ao produto das medidas dos lados pelo seno do ângulo formado por esses lados.

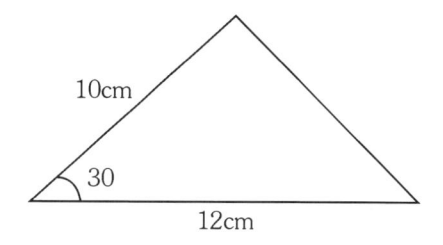

$$S = 10 \times 12 \times \text{sen } 30° = 120 \times \frac{1}{2} = 60 \text{ cm}^2.$$

Aplicação 1

A luz caminha em linha reta, porém quando um raio de luz passa de um meio menos denso para um mais denso, como é o caso do ar e da água, ele muda de direção, conforme a lei de Snell-Descartes.

$$n1 \times \text{sen a} = n2 \times \text{sen b}$$

- **n1** é o índice de refração do meio 1.
- **n2** é o índice de refração do meio 2.
- "**a**" é o ângulo de incidência do raio de luz, medido em relação a uma perpendicular imaginária que passa pelo ponto onde a luz toca o outro meio.
- "**b**" é o ângulo de refração do raio de luz que é medido em relação à perpendicular mencionada anteriormente, conforme ilustra a figura apresentada em seguida:

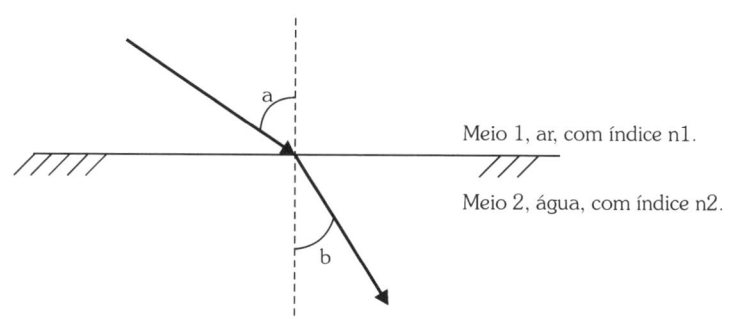

Aplicação 2

A sombra de um edifício da base até o observador media 30 m (veja a figura em seguida). O tecnólogo de construção civil possuía um goniômetro, um aparelho para medir ângulos. Da ponta da sombra até o ponto mais alto do edifício ele mediu 60°. Qual a altura do edifício?

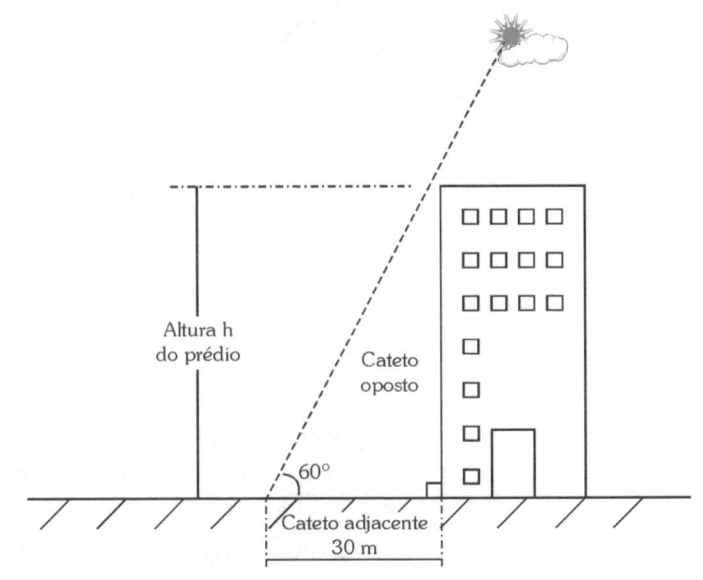

Note que temos um triângulo retângulo, no qual um dos lados mede 30 m (este é o cateto adjacente ou próximo ao ângulo de 60°), temos um ângulo de 60° e que-remos saber o valor da altura do edifício que é h (este é o cateto oposto ao ângulo de 60°).

Usando a definição de tangente de $60° = \dfrac{\text{cateto oposto}}{\text{cateto adjacente}}$.

Sabemos que tangente 60° = 1,732, donde:

1,73205 × cateto adjacente = cateto oposto, logo:

h = cateto oposto = 1,73205 × 30 = 51,96 m de altura do edifício.

Exercícios propostos

1. Um tecnólogo de construção civil deve encontrar a altura da Chapada Diamantina num determinado ponto. Ele pode medir a sombra projetada no solo que dá 180 m e também observou que o ângulo é de 60°. Qual a altura do ponto considerado?

2. Uma rampa para pedreiros carregarem material num caminhão, usando o carrinho de mão, vai se elevar a 1,20 m, que é a altura da carroceria do caminhão. A rampa terá 2,4 m de extensão, já presa na carroceria do caminhão. Qual ângulo a rampa faz em relação ao solo?

3. Um avião passa por cima da cidade de Aparecida do Norte e é detectado pelo radar em São José dos Campos. A distância entre as duas cidades é de 80 Km. Sabe-se que o radar estava apontando para o avião com um ângulo de 15° em relação ao solo. Sabe-se que sen 15° = 0,25882, cos 15° = 0,96593 e tg 15° = 0,26795. A que altura estava o avião quando passou por cima da cidade de Aparecida?

4. Um avião voa a 10.000 m de altura e é visto por um observador com um medidor de ângulos fixo no solo, que marcava 0° quando ele passou em cima de sua cabeça e após alguns segundos, ele é visto já num ângulo de 30° em relação a 0°. Quanto andou o avião entre as duas medidas angulares?

5. Na fabricação de um móvel de madeira, o marceneiro fez um chanfro para prender a peça a outra, conforme a figura seguinte. Qual o valor de X?

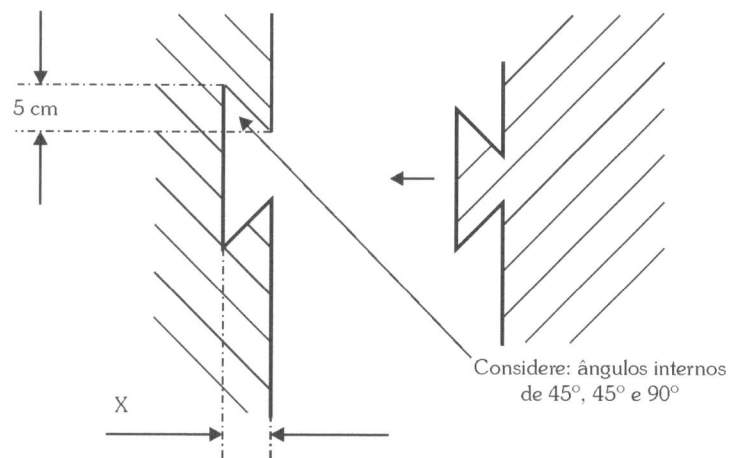

Considere: ângulos internos de 45°, 45° e 90°

6. O telhado de uma casa terá um ângulo de 23° para uma água. Sabendo que a base é de 10 m, qual deve ser a altura das vigas X, conforme o esquema apresentado em seguida?

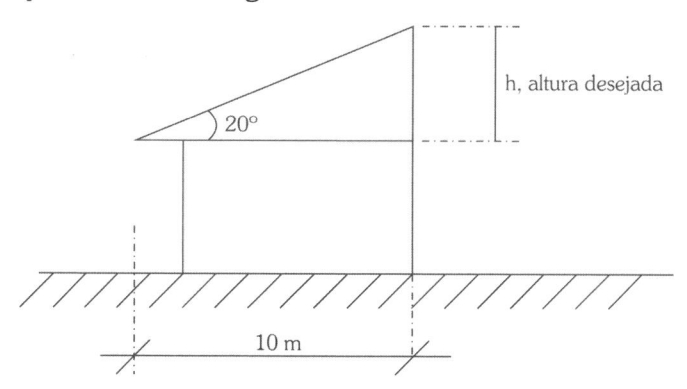

Dado: sen 20° = 0,34202; cos 20° = 0,93969; tg 20° = 0,36397

7. Um terreno triangular possui de um lado 35 m e do outro 29 m. O ângulo entre as duas medidas é de 30°. Qual a área do terreno?

8. Um tecnólogo vai instalar uma logomarca triangular para uma empresa. Ocorre que o pagamento será proporcional à área do triângulo a ser instalada. Se um dos lados mede 5 m e o outro 8 m e se o ângulo entre eles é de 60°, qual será o valor da área do triângulo? Se ele vai ganhar líquido, fora material e despesas de transporte, R$ 500,00 por metro quadrado, quanto ganhará?

9. Sabendo que o índice de refração do diamante é de 2,42, caso um raio de luz, vindo do ar, incida nele com ângulo de 30°, qual será o ângulo refratado no interior do diamante?

10. O índice de refração de uma fibra óptica é de 1,50. Se um raio de luz sair do ar e entrar na fibra, formando um ângulo de 30°, qual será o ângulo refratado?

16
Geometria Plana dos Segmentos e Semelhanças de Figuras

"Semelhante é parecido, e não igual."
Autor anônimo

16.1 O que é geometria?

A geometria originalmente era a medida da Terra, do território, feita pelos antigos gregos.

Da época da Grécia Antiga, anterior ao nascimento de Jesus Cristo, até os tempos mais próximos, houve uma grande evolução no estudo da geometria e sua divisão. Acompanhe:

1. A geometria analítica estuda sistema cartesiano, reta, e em termos de equações, estuda triângulo, circunferência e cônicas.

2. A geometria plana estuda segmentos proporcionais, semelhanças, relações métricas no triângulo retângulo e áreas das figuras geométricas planas.

Este capítulo estuda a geometria plana dos segmentos e das semelhanças. Devido à importância do cálculo de áreas e volumes, os próximos capítulos apresentam um estudo mais específico das figuras planas: triângulo, quadrado, pentágono, hexágono, circunferência e círculo, e também os cálculos de volume sólido gerado no espaço pelas figuras planas.

Então, vamos iniciar pelo estudo da geometria dos segmentos.

Geometria é a parte da matemática que estuda formas, figuras e relações entre suas características.

Tudo começa pelo ponto num plano. Um conjunto infinito de pontos muito próximos e alinhados numa mesma direção forma uma reta.

Reta é definida também como a menor distância entre dois pontos diferentes.

Segmento é o pedaço de uma reta. Esse segmento de reta terá uma direção e um valor que é o módulo.

Se considerarmos dois segmentos de reta, define-se razão como a divisão entre os dois segmentos.

Aplicação 1

Um vergalhão de aço (isto é, uma barra ou cabo de aço grosso que possui várias marcas para aderência ao concreto, usado em construção civil para fabricação de colunas e vigas com amarração, que fica no interior do concreto) produzido numa máquina possui um comprimento de 30 metros. Usando uma razão de 5 entre esse comprimento e o comprimento pedido por um cliente tradicional, qual deve ser o comprimento do vergalhão fornecido para o cliente?

$$\frac{\text{Vergalhão produzido pela máquina}}{\text{Vergalhão fornecido para o cliente}} = 5$$

$$\text{Vergalhão fornecido para o cliente} = \frac{\text{Vergalhão produzido pela máquina}}{5}$$

Desta forma, o tamanho fornecido para o cliente será de seis metros.

Aplicação 2

Uma rede de computadores é instalada num prédio de cinco andares. Em cada andar instala-se um switch de 24 portas, próximo ao local de subida do cabo de infraestrutura vertical.

Os cabos horizontais CAT5e (do tipo par trançado metálico sem blindagem) saem do switch e são utilizados no interior de cada andar para chegar até as tomadas dos usuários.

Cada andar possui duas salas e os cabos para cada sala têm um comprimento constante. Se a sala mais distante tiver dez cabos de 30 metros cada, e sabendo que a razão entre os cabos dessa sala e os cabos das salas mais próximas (que também terão comprimento constante) é de 4,15, qual o comprimento dos cabos da sala mais próxima?

Resolução

$$\frac{\text{Cabos da sala mais distante}}{\text{Cabos da sala mais próxima}} = 4,15$$

$$\text{Cabos da sala mais próxima} = \frac{\text{Cabos da sala mais distante}}{4,15}$$

Logo, os cabos da sala mais próxima terão = $\frac{30}{4,15}$ = 7,2 m aproximadamente.

16.2 Teorema de Tales

Considere um feixe de retas paralelas (retas "x", "y", "z" e "w") e que duas outras retas ("a" e "b") vão cortar as retas paralelas de modo transversal, como ilustra a figura seguinte:

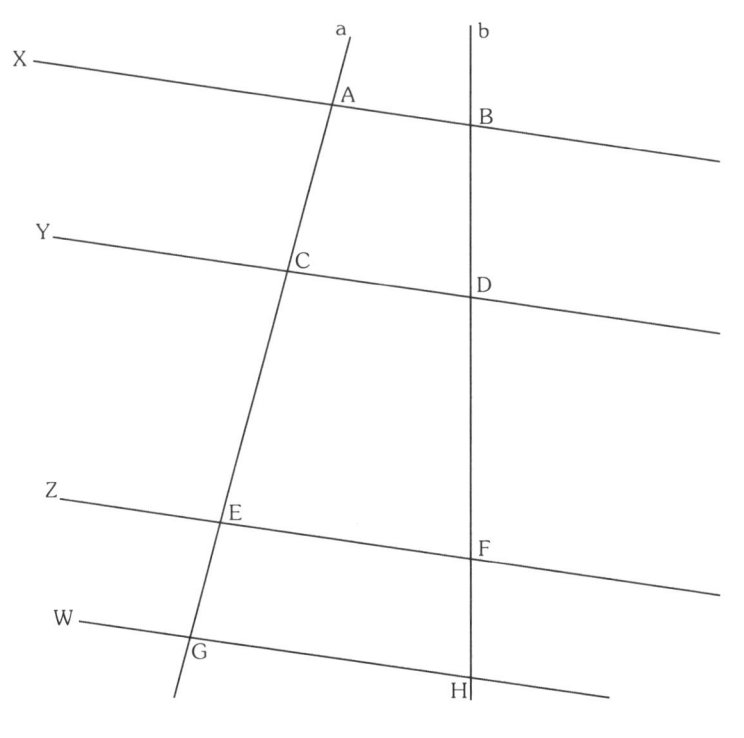

Vale a regra da proporcionalidade dos segmentos AC, BD, CE, DF, EG, FH etc.:

$$\frac{AC}{BD} = \frac{CE}{DF} = \frac{EG}{FH} = \frac{AG}{BH} = \frac{AE}{BF}$$

Aplicação 1

Num loteamento no Portal dos Príncipes havia terrenos conforme mostra a figura seguinte.

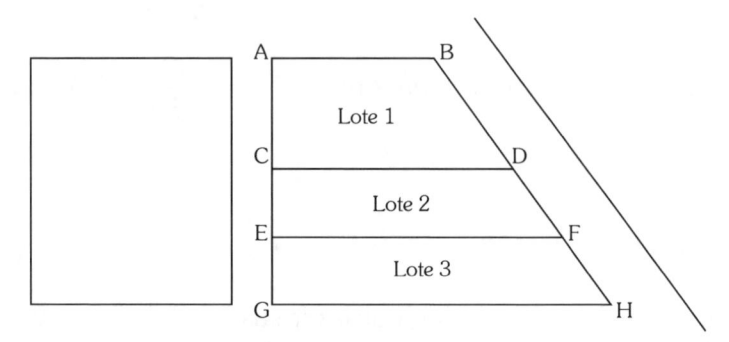

Se o segmento AC possui 15 m, CE possui 10 m e o segmento EG possui 10 m, e sabe-se que BH possui 70 m, quanto terão, respectivamente, os segmentos BD, DF e FH?

Montando a regra do teorema de Tales:

$$\frac{AC}{BD} = \frac{CE}{DF} = \frac{EG}{FH} = \frac{AG}{BH}$$

$$\frac{15}{BD} = \frac{10}{DF} = \frac{10}{FH} = \frac{35}{70} = \frac{1}{2}$$

$$BD = 2 \times 15 = 30 \text{ m}$$

$$DF = 10 \times 2 = 20 \text{ m}$$

$$FH = DF = 20 \text{ m}$$

Aplicação 2

Nos mapas de cidades, estados e países, fazemos ampliações e reduções. Caso a copiadora não tenha gerado distorções nas imagens, as figuras mantêm a proporcionalidade. Dessa forma, pode-se tirar tamanhos proporcionais e surgem as escalas de conversão.

16.3 Semelhança

Da mesma forma como utilizamos o teorema de Tales, também podemos usar a semelhança de triângulos (para qualquer triângulo semelhante e proporcional) e de quadrados, pentágonos e outros polígonos até chegar ao polígono com um número infinito de lados que seria a circunferência (contorno em volta do círculo, que é a área no interior da circunferência). Dessa forma, os lados, arestas e diagonais dessas figuras serão sempre proporcionais.

No caso do triângulo, diz-se que dois ou mais triângulos são semelhantes quando possuem os mesmos ângulos, porém lados proporcionais. Dessa forma, é possível aplicar o teorema de Tales. Veja as figuras ilustrativas em seguida:

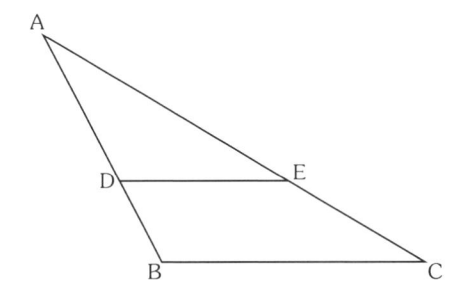

Note que existem dois triângulos, sendo um externo, que é o triângulo ABC, e outro menor, semelhante, interno que é o ADE, cujos lados DE e BC são paralelos, lembrando o feixe de segmentos paralelos do teorema de Tales.

No exemplo seguinte temos outros triângulos semelhantes e opostos pelo vértice C:

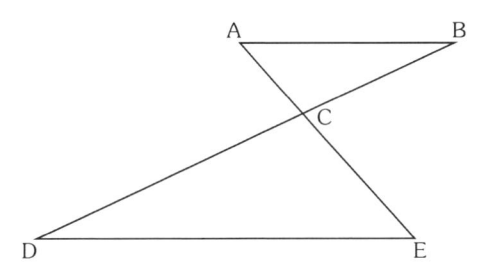

Os triângulos são, respectivamente, ABC e CDE.

Os segmentos AB e DE são paralelos, e os outros lados seguem a proporcionalidade do teorema de Tales:

$$\frac{DC}{BC} = \frac{CE}{AC} = \frac{DE}{AB}$$

16.4 Escala

Uma escala é a relação entre a medida do desenho e a medida do mundo real.

$$\text{Escala} = \frac{\text{medida de desenho}}{\text{medida do mundo real}}$$

Aplicação

Usando uma escala de 1:500, sabemos que o comprimento de um segmento numa planta de fazenda, na realidade, será quinhentas vezes maior no terreno real; 1 m no desenho será 500 m no terreno.

A ABNT recomenda por meio da norma NBR-8196, para o Desenho Técnico, o uso das seguintes escalas de redução:

1:2

1:20

1:200

1:2000

1:5

1:50

1:500

1:5000

1:10

1:100

1:1000

1:10000

Aplique os conceitos de escala nos exercícios seguintes:

Exercícios propostos

Este enunciado serve para as questões de 1 a 10 e refere-se à conversão de escalas, utilizadas em desenhos de obras civis, plantas de imóveis, planta para projetos de redes de computadores, pátios de manobra e galpões para a movimentação de matérias-primas e produtos na logística e, enfim, para desenhos de instalações elétricas, hidráulicas etc.

1. (Fuvest-SP) Em uma fotografia aérea, um trecho retilíneo de uma estrada que mede 12,5 km aparece na foto, medindo 5 cm. Calcule, em quilômetros, o comprimento correspondente a 1 cm na fotografia.

2. (Fuvest-SP) Na questão anterior da fotografia: uma área de 1 cm^2 dessa foto corresponde a quantos quilômetros quadrados do real?

3. (Fuvest-SP) Ainda na questão anterior, na fotografia aparece uma área queimada com 9 cm^2. Qual é essa área em Km^2, na área real do chão?

4. Numa escala de 1:20 de um desenho comercial, cada metro do desenho corresponde a quantos metros na loja real?

5. Numa planta em escala 1:50, observou-se que a frente do terreno que dava para a rodovia tinha 5 m da escala. Quantos metros terá o comprimento real?

6. Numa escala 1:200, observou-se que uma estrada dentro de uma fábrica possuía 20 m no desenho. No tamanho real, qual o comprimento dessa estrada?

7. Na planta de uma cidade, observou-se que a escala era de 1:1000 e o aeroporto da cidade possuía uma pista com comprimento no desenho de 3,25 m. Qual o comprimento real da pista do aeroporto?

8. Um foguete intercontinental foi lançado de uma base e está sendo monitorado numa tela de computador que possui a indicação de escala 1:2000. O foguete já voou 5,7 m na tela. Quantos metros esse foguete já voou?

9. Num projeto de rede de computadores para uma indústria, o tecnólogo observou que teria de fixar eletrocalhas num dos galpões, cobrindo uma distância total de 8,71 m. Como a escala da planta é de 1:50, quantos metros de eletrocalha serão usados, no mínimo?

10. Em uma telecomunicação entre a Terra e um foguete contendo uma cápsula espacial com quatro astronautas, notou-se que eles já haviam se deslocado numa distância de 3,91 m num desenho que indicava uma escala de conversão de 1:10000. Qual a distância já percorrida pelos astronautas?

om # 17

Triângulos, Pirâmides e Prismas Triangulares

"Triângulo é uma figura perfeita, que lembra sempre uma trindade."

Autor anônimo

17.1 Triângulo

Figura geométrica com três pontas, que ocupa o espaço interno limitado por três linhas retas que concorrem, duas a duas, em três pontos diferentes formando três lados.

Os ângulos internos de qualquer triângulo sempre somam 180°.

Em qualquer triângulo, qualquer lado não pode ser maior que a soma dos outros dois lados, senão deixaria de ser um triângulo e passaria a ser um conjunto de três segmentos de retas.

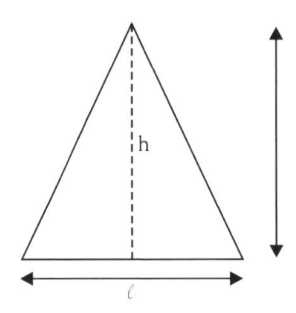

Este é o único polígono regular (figura com vários lados) que não possui diagonais. Cada um de seus ângulos externos é suplementar do ângulo interno adjacente.

O perímetro, que significa a volta do contorno, no caso de um triângulo é a soma das medidas dos seus lados.

A região interna é denominada "região convexa" e a externa, "região côncava".

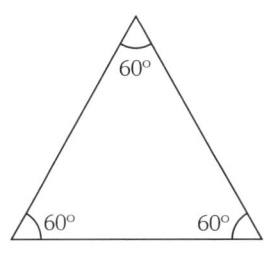

17.1.1 Classificação dos triângulos

Os triângulos podem ser classificados pela largura dos seus lados (isósceles, equilátero e escaleno) e pelos ângulos internos (retângulo, obtusângulo e acutângulo).

17.1.1.1 Triângulo isósceles

É aquele que possui pelo menos dois lados de mesma medida e também dois ângulos congruentes (ou iguais).

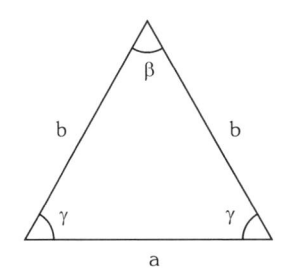

Num triângulo isósceles, o ângulo formado pelos lados congruentes é chamado ângulo do vértice. Os demais ângulos denominam-se ângulos da base e são congruentes.

17.1.1.2 Triângulo equilátero

É o caso especial de um triângulo isósceles, que apresenta não somente dois, mas os três lados iguais. Os ângulos também são iguais e medem 60°.

É um triângulo com os três lados e ângulos iguais.

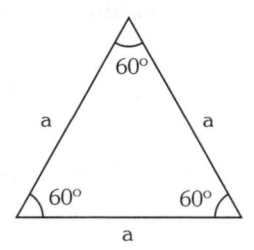

É classificado como um polígono regular.

17.1.1.3 Triângulo escaleno

É um triângulo com os três lados e ângulos diferentes.

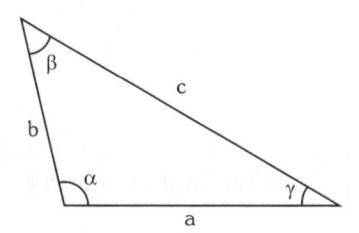

Em um triângulo escaleno, as medidas dos três lados são diferentes. Os ângulos internos de um triângulo escaleno também possuem medidas diferentes.

17.1.1.4 Triângulo retângulo

Um triângulo retângulo possui um ângulo reto.

Num triângulo retângulo, denomina-se hipotenusa o lado oposto ao ângulo reto. Os demais lados chamam-se catetos. Os catetos de um triângulo retângulo são complementares.

Nos triângulos retângulos, vale o teorema de Pitágoras:

$$(\text{Hipotenusa})^2 = (\text{Cateto de um lado})^2 + (\text{Cateto do outro lado})^2$$

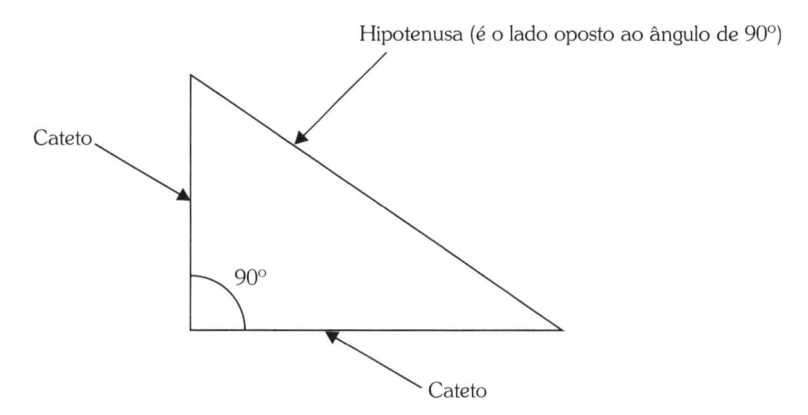

O teorema de Pitágoras pode ser reescrito como:

$$\text{hipotenusa} = \sqrt{\text{soma dos quadrados dos catetos}}$$

Um triângulo não pode ter dois ângulos retos, pois deixaria de ser um triângulo.

17.1.1.5 Triângulo acutângulo

É aquele no qual todos os ângulos são agudos.

Em um triângulo acutângulo, os três ângulos são agudos.

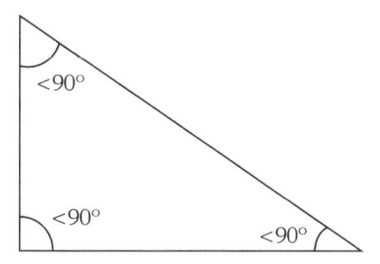

17.1.1.6 Triângulo obtusângulo

Um triângulo obtusângulo é aquele que possui um ângulo obtuso e dois ângulos agudos.

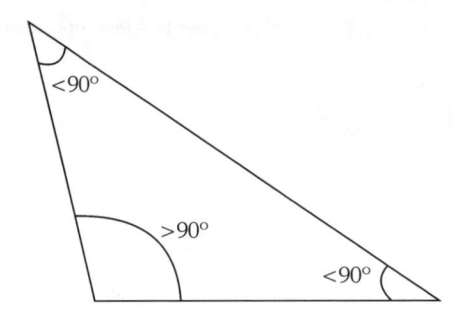

17.1.1.7 Área de um triângulo

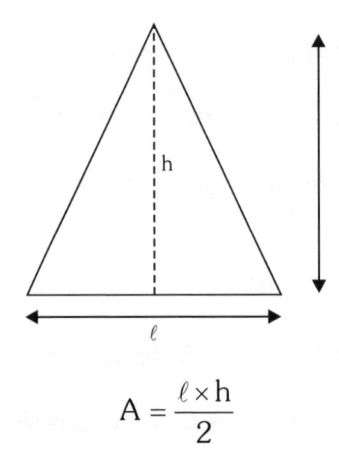

$$A = \frac{\ell \times h}{2}$$

Há um tipo particular de área de triângulo que é do triângulo equilátero:

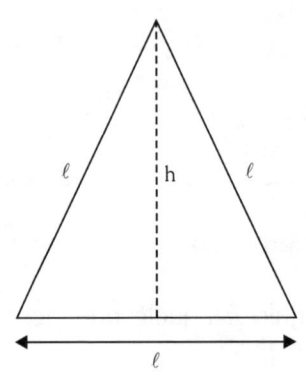

Cálculo da altura h:

$$h = \frac{\ell\sqrt{3}}{2}$$

Cálculo da área do caso particular do triângulo equilátero:

$$A = \frac{\ell^2 \sqrt{3}}{4}$$

Apótema do triângulo (raio da circunferência inscrita):

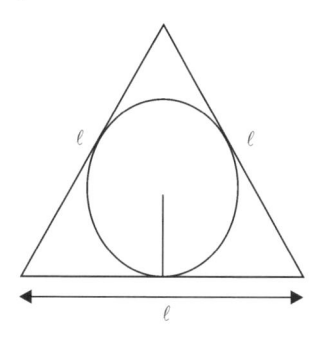

$$a_3 = \frac{1h}{3}$$

$$a_3 = \frac{\ell\sqrt{3}}{3}$$

Raio do triângulo (raio da circunferência circunscrita):

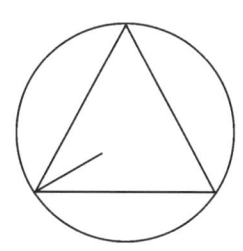

$$R_3 = \frac{2h}{3}$$

$$R_3 = \frac{\ell\sqrt{3}}{3}$$

17.2 Pirâmides

Pirâmide de base triangular é uma figura geométrica que possui quatro vértices, seis arestas e quatro faces, sendo uma das faces uma base triangular.

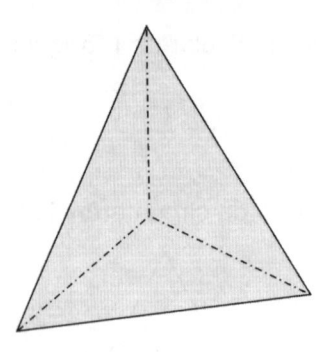

17.3 Prisma triangular

17.3.1 Área lateral do prisma

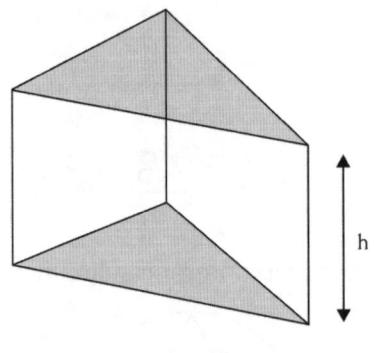

$$A_{lateral} = P \times h$$

- P = perímetro
- h = altura

17.3.2 Volume do prisma triangular

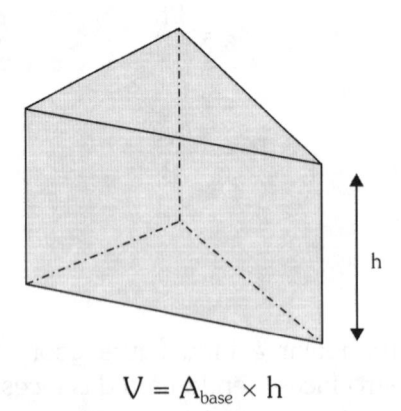

$$V = A_{base} \times h$$

➡ V = volume
➡ A_{base} = área da base
➡ h = altura

Exercícios propostos

1. Um técnico em medições recebeu a instrução para agrupar peças numa caixa triangular, cujos lados eram 20 cm, 15 cm e 40 cm. Classifique o tipo de triângulo.

2. Na especificação de um instrumento triangular constava que o triângulo no equipamento continha os seguintes ângulos: 90°, 45° e 123°. Que tipo de triângulo é este: equilátero, isósceles ou escaleno?

3. Uma ferramenta de corte feita em aço especial deve ser soldada numa base e utilizada num torno (que é uma máquina para fabricação de peças por desgaste causado pela ferramenta na peça que estará em rotação: enquanto a peça gira, presa no torno, a ferramenta se aproxima para realizar os cortes de excesso de material da peça). A ferramenta de corte possui uma forma triangular com dimensões 1,5 cm, 1,0 cm e 0,8 cm. Que tipo de triângulo essa ferramenta forma?

4. Um pintor foi desafiado a criar uma bandeira do estado de Minas Gerais, gigante, cujo lado do triângulo teria 20 m. Qual a altura do triângulo (observação: o triângulo é equilátero)?

5. Um tecnólogo foi desafiado a criar um aparelho do tipo totem, que se encontra nos shoppings e nas escolas, para fornecer informações para os usuários. O monitor a ser utilizado deve ser de 15 polegadas, widescreen e plasma. Ocorre que lhe forneceram a largura de 33 cm e ele precisa calcular a altura. Que fórmula pode usar? Quanto vale a fórmula (dado que uma polegada = 2,54 cm)?

6. Uma folha A4 possui o tamanho padrão 210 mm × 297 mm. Pergunta-se, qual o valor da diagonal dessa folha?

7. Carlos comprou um terreno de esquina, de forma triangular, e considerou ideal para montar um posto de gasolina. O terreno possui, numa das ruas que é movimentada, um comprimento de 27 m. Noutra rua, que também é movimentada, o comprimento é também de 27 m. No fundo, não há rua, mas o comprimento medido é de 18 m. Que tipo de triângulo é este? Qual a área do terreno?

8. Um jardineiro foi contratado para trabalhar num terreno cuja forma é um triângulo equilátero cujo lado possui 100 m. Ele é desafiado a colocar no interior do terreno um círculo inscrito que possua o máximo tamanho. Qual o raio desse círculo?

9. Um comerciante lançou em sua pizzaria as famosas pizzas triangulares, que ele afirma possuírem muito mais massa que as pizzas circulares. Para tomar como base sua fabricação, ele considera o tamanho de uma pizza circular de 30 cm de diâmetro e calcula o triângulo equilátero circunscrito a ela. Qual o valor do lado do triângulo?

10. Um grupo internacional sólido contratou um tecnólogo do ramo metal--mecânico para fazer brindes para seus associados, que normalmente são pessoas muito ricas. Os brindes serão feitos em ouro e terão a forma de um prisma triangular, fundidos em molde de cera perdida, com desenhos impressos. Ocorre que foi feito um acordo de pagamento ao tecnólogo de R$ 92,00 o grama do metal, considerando que o grama do ouro custa em torno de R$ 46,00. Além disso, mão de obra e materiais, energia, segurança, transporte e logística para a produção custarão mais 100% do valor. Como cada prisma de base triangular (triângulo equilátero) terá lado de 3 cm, e a altura do prisma é de 0,5 cm, quanto custará cada brinde (considere a densidade do ouro = 19,3 g/cm^3)?

18

Quadrado, Retângulo, Cubo e Paralelepípedo ou Prisma Quadrangular

"Cada um no seu quadrado."
Provérbio popular

18.1 Quadrado

O quadrado é um polígono de quatro lados iguais e, consequentemente, os quatro ângulos internos iguais.

A figura seguinte ilustra um quadrado típico:

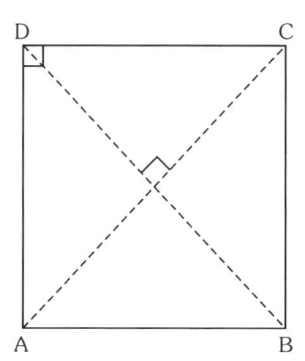

Os lados do quadrado possuem as mesmas medidas e as diagonais são perpendiculares, por isso ele é um losango.

Os ângulos internos do quadrado medem 90° e as diagonais possuem as mesmas medidas, por isso ele é um retângulo.

Os lados do quadrado são paralelos dois a dois, por isso ele é um paralelogramo.

Fórmula para calcular a área do quadrado:

$$A = \ell^2$$

Fórmula para calcular o perímetro "P" do quadrado de lado "l":

$$P = 4 \times \ell$$

18.1.1 Área do quadrado

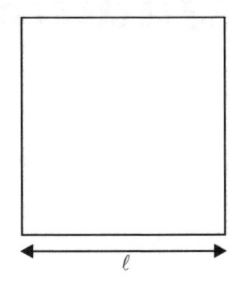

$$A = \ell^2 \quad \text{ou} \quad A = \ell \times \ell$$

→ A = área
→ ℓ = lado

18.1.2 Diagonal do quadrado

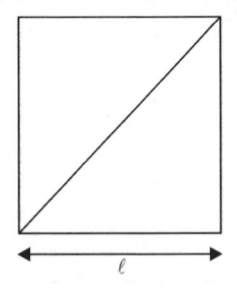

$$D = \ell\sqrt{2}$$

➥ D = diagonal
➥ ℓ = lado

18.1.3 Apótema do quadrado

Apótema é o raio da circunferência inscrita, isto é, que está no interior do quadrado.

Saber trabalhar com o quadrado possibilita que o tecnólogo tenha um desempenho melhor na solução de problemas práticos do cotidiano profissional.

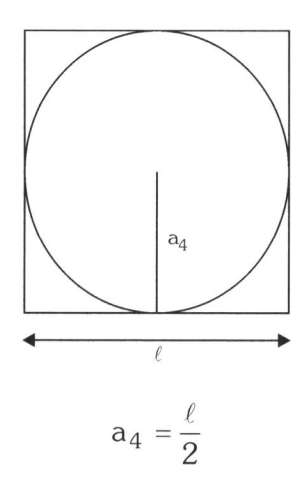

$$a_4 = \frac{\ell}{2}$$

➥ a = apótema
➥ ℓ = lado

18.1.4 Raio do quadrado inscrito na circunferência

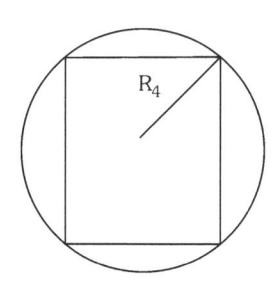

$$R_4 = \frac{D}{2} \qquad R_4 = \frac{\ell\sqrt{2}}{2}$$

- R = raio
- ℓ = lado
- D = diagonal

18.2 Retângulo

Retângulo é uma variação do quadrado, em que dois lados iguais são maiores que os outros dois lados.

18.2.1 Área do retângulo

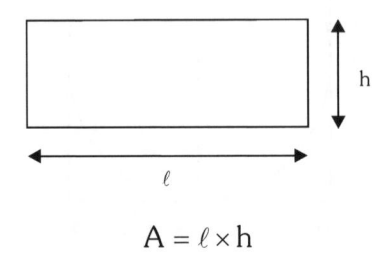

$$A = \ell \times h$$

- A = área
- ℓ = lado
- h = altura

18.3 Cubo

É uma figura geométrica espacial que tem todos os lados iguais e os ângulos são de 90°. Sua projeção ortogonal no plano é o quadrado.

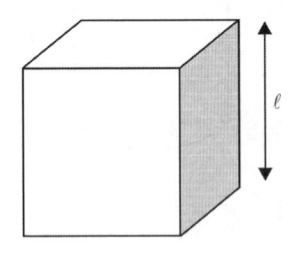

18.3.1 Área do cubo

A área é a superfície externa do cubo.

$$At = 6 \times \ell^2$$

- At = área total
- ℓ = lado

18.3.2 Volume do cubo

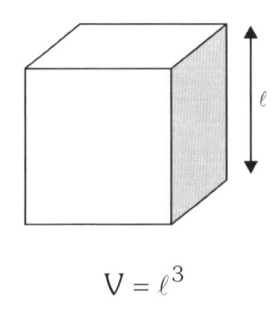

$$V = \ell^3$$

18.4 Paralelepípedo

É um sólido espacial correspondente a um prisma retangular.

18.4.1 Área do paralelepípedo

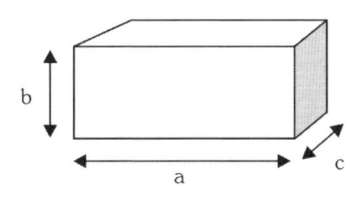

$$At = 2 \, (ac + bc + ab)$$

- At = área total

18.4.2 Volume do paralelepípedo

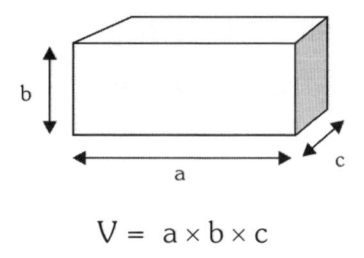

$$V = a \times b \times c$$

18.5 Prisma retangular

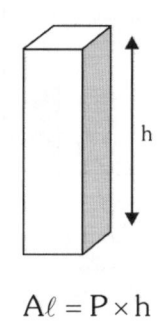

$$A\ell = P \times h$$

Área lateral:

$$At = A\ell + 2A_{base}$$

Exercícios propostos

1. Um tecnólogo de logística ficou encarregado de um galpão cujas dimensões são 300 m × 50 m. Qual a área do galpão?

2. João é um tecnólogo que trabalha na produção de embalagens. Um cliente pergunta sobre uma embalagem plástica para o vendedor, que não sabe calcular o volume e repassa a ligação para o tecnólogo, que é o chefe da seção. Ele acabou de liberar seus funcionários e precisa fornecer o resultado, que está sendo aguardado, para efetuar a venda ou não de 100.000 caixas plásticas mensais. A caixa plástica possui comprimento de 20 cm, largura de 20 cm e altura de 20 cm. Qual o volume da caixa em cm^3?

3. Um contêiner modelo Insulated, definido como 42HO, na norma ISO-6346, possui as dimensões internas: comprimento = 11.840 mm, largura = 2.286 mm e altura = 2.210 mm. Qual o volume interno desse contêiner?

4. Todos os contêineres definidos na norma ISO-6346 possuem uma largura de 2.438 m. Enquanto um contêiner modelo Bulk possui um comprimento de 6.058 mm, o contêiner modelo Reefer possui 12.192 mm. Quanto a mais de espaço no solo precisa o Reefer em relação ao Bulk?

5. Um tecnólogo trabalha numa gráfica e terminou o "boneco" de um livro a ser produzido em série pela impressão na máquina offset. O livro possui 352 páginas, espessura de 2 cm, comprimento de 22,8 cm e largura de 15,8 cm. Pretende-se colocar os livros em caixas nas quais cabem 20 unidades. Quais as dimensões internas da caixa (considere 1 mm de tolerância de cada lado do livro, menos na altura)?

6. Um forno de banho de sais fundidos para aquecimento de peças funciona da seguinte forma: num tanque quadrado de 2 m por 2 m e altura de 1,3 m, é preciso manter o nível de sais contendo íons, cianeto e bário usados para tratamentos térmicos e termoquímicos de metais. Adicionam-se sais ao forno (que serão fundidos, fornecendo cianetos e outros elementos para as peças que ficarem no banho).

O aquecimento é realizado por meio de resistências elétricas imersas no banho e da agitação do banho para manter a temperatura distribuída de modo homogêneo, e por meio de um medidor faz-se a regulagem de temperatura do forno. São inseridas autopeças para tratamento térmico. Assim que ficarem o tempo necessário no forno, serão retiradas e levadas para resfriamento pelo processo de têmpera para endurecimento e posteriormente irão para outro forno com temperaturas menores, em torno de 200 °C para revenimento, isto é, eliminar tensões residuais das peças. Calcule o volume do forno ocupado pelos sais fundidos, considerando que a altura do banho é de 1 m.

7. Um monitor de 32 polegadas possui uma altura de 39 cm. Qual a largura da imagem da tela (considere que uma polegada = 2,54 cm)?

8. A fazenda de Paulo possui forma de um quadrado cujo lado tem 5.000 m. Paulo tem criação de gado e plantação. Ele quer cercar a fazenda com arame farpado, fazendo cinco carreiras paralelas. Bem no meio da fazenda pretende passar os arames para que seu próprio gado não entre na área de plantação e pomar que está montando.

Considerando o exposto, ele pede a você, que é tecnólogo, que calcule quantos metros de arame farpado serão necessários. Sabe-se que uma bola de arame farpado possui 500 m; logo, quantas bolas, no mínimo, serão necessárias?

9. Um contêiner Dry Box Van código 22G0/22G1 (definido na norma ISO-6346) possui:

   a) dimensões externas:

   comprimento = 6.058 mm, largura = 2.438 mm e altura = 2.591 mm.

   b) dimensões internas:

   comprimento = 5.895 mm, largura = 2.350 mm e altura = 2.392 mm.

   Qual a diferença entre as dimensões externas e internas de um contêiner Dry Box?

10. Uma piscina possui a forma de prisma de base quadrada, cujo lado tem 30 m e a profundidade da água é de 7 m. Considerando a densidade da água como 1 t/m^3, quantas toneladas de água existem na piscina?

19

Pentágono e Prismas Pentagonais

"O Pentágono americano concentra o maior poder militar da Terra."

Autor anônimo

19.1 Pentágono

Pentágono regular é um polígono com cinco lados iguais.

A soma dos ângulos internos do pentágono é 540°, ou seja, num pentágono regular cada ângulo interno tem a medida de 108°.

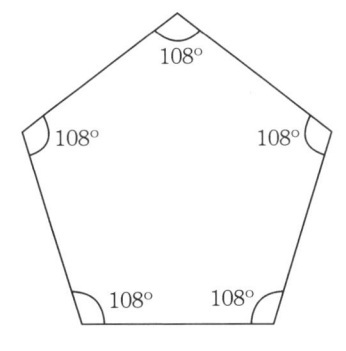

Cálculo da área de um pentágono regular:

$$A = \frac{5a^2}{4} \cot \frac{\pi}{5}$$

19.2 Prisma pentagonal

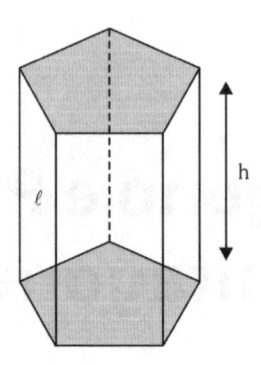

19.2.1 Área lateral do prisma pentagonal

$$A_{lateral} = P \times h$$

- P = perímetro
- h = altura

19.2.2 Volume do prisma pentagonal

$$V = A_{base} \times h$$

Exercícios propostos

1. Um enfeite de bicicleta foi criado na forma pentagonal regular. Cada lado possui 15 cm. Qual o perímetro desse pentágono?

2. Um pentágono possui a soma de dois dos seus ângulos internos valendo 216°. Quanto será a soma dos três ângulos restantes?

3. Uma arma de tambor possui cinco tiros e o tambor segue o design de um pentágono regular. Após dar um tiro, quantos graus o tambor terá de girar?

4. Se um ângulo interno de um pentágono é 108°, qual é o ângulo externo complementar a este para formar 360°?

5. Um técnico em pinturas deve formular a tinta adequada para a pintura externa de um prédio de forma pentagonal, sendo o lado do pentágono de 20 m e a altura 50 m. Qual a área a ser pintada? Se o pintor ganhar R$ 30,00 por m^2, incluindo mão de obra, tinta, seguro, transporte, alimentação e impostos, quanto receberá?

6. Um shopping encomendou e está utilizando um elevador pentagonal. Um técnico notou dificuldades de desbalanceamento no funcionamento do elevador. Ele fez medições e notou que os lados não eram iguais, bem como os ângulos internos possuíam variações, de um para o outro. Que tipo de pentágono é esse?

7. Um satélite possui o formato de um prisma pentagonal. Nesse prisma, a área lateral é coberta de células fotoelétricas que produzem eletricidade para manter funcionando o satélite (o lado do pentágono da base possui 50 cm e a altura do satélite é de 170 cm). O fabricante do satélite pediu para o tecnólogo calcular a área que será coberta pelas células. Sabendo que cada célula ocupa 5 cm^2, quantas células serão instaladas?

8. Um heliporto em cima de um prédio possui uma área com raio de 20 m. Como existem outros heliportos próximos, pediu-se para que um técnico fizesse o projeto de pintura de um pentágono regular, perfeito, inscrito na circunferência mencionada, o qual deve ser pintado em tons de amarelo para ser visível pelos pilotos de helicóptero a uma boa distância para identificar o prédio. Posteriormente, se aprovado, o técnico será responsável por todas as pinturas do edifício. Qual o comprimento do lado do pentágono (sabe-se que tem 36° = 0,58779)?

9. Uma roda de veículo possui cinco parafusos para fixá-la na posição de uso. Os parafusos formam um pentágono regular imaginário. Cada vértice, representado por um parafuso, o centro e o próximo parafuso delimitam inclusive um triângulo imaginário. Esse "triângulo" possui quais ângulos internos?

10. Uma barra de aço com formato pentagonal regular possui um lado de 5 cm e será utilizada em máquinas. Qual o peso de uma barra padrão de 90 cm para componente de máquinas?

20

Hexágono e Prismas Hexagonais

"Existe inteligência na natureza, as abelhas constroem seu favo em forma hexagonal."

Autor anônimo

20.1 Hexágono

Hexágono é um polígono com seis lados e pode ser regular ou irregular.

Se for regular, possui os seis lados iguais, e é formado por seis triângulos equiláteros.

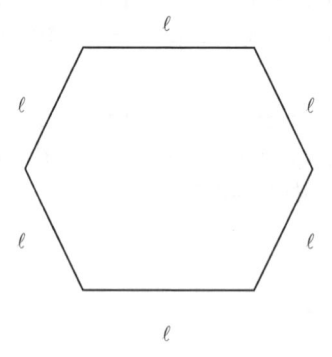

O hexágono possui nove diagonais.

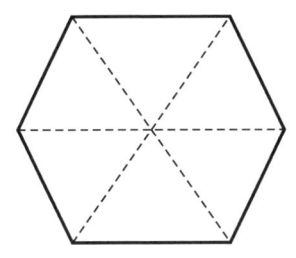

A área do hexágono regular será igual a seis vezes a área do triângulo equilátero.

$$A = \frac{6 \times \ell^2 \sqrt{3}}{4}$$

Fica assim:

$$A = \frac{3 \times \ell^2 \sqrt{3}}{2}$$

20.1.1 Apótema do hexágono

Apótema do hexágono é o raio da circunferência inscrita no hexágono.

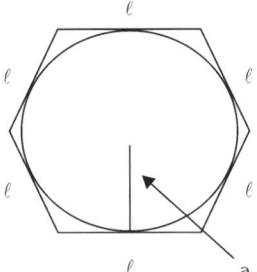

a apótema é o raio da circunferência

Veja a seguir a fórmula:

Apótema:

$$a = \frac{\ell \sqrt{3}}{2}$$

20.1.2 Raio do hexágono

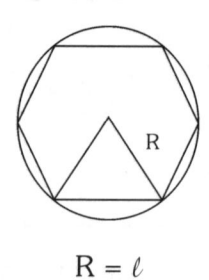

$R = \ell$

20.2 Prisma hexagonal

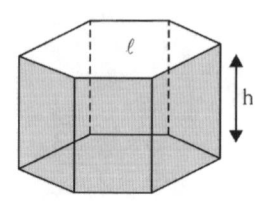

20.2.1 Área do prisma hexagonal

$$A_{lateral} = P \times h$$

Volume do prisma hexagonal:

$$V = A_{base} \times h$$

Exercícios propostos

1. Uma grade de arames foi criada com a forma de hexágonos. Se cada hexágono possui um raio de círculo circunscrito, que é igual ao seu lado, pergunta-se: se cada diâmetro é de 1 cm, nessa tela, quantos hexágonos conterá um metro num sentido transversal ao do comprimento da tela?

2. Um prédio com formato sextavado possui um lado de 40 m e uma altura de 30 m. Supondo que seja todo de alvenaria com acabamento de cimento e precise ser pintado em toda sua volta, desprezando as janelas e portas, quantos metros terão de ser pintados?

3. Existe um tubo de aço com diâmetro de duas polegadas, cujo perímetro interno é uma circunferência perfeita. Um tecnólogo precisa fixar nele um pedaço de vergalhão ou tarugo com seção transversal hexagonal regular. Qual o tamanho do lado do hexágono?

4. Uma chave-inglesa possui uma regulagem para se ajustar às porcas e prendê-las ou afrouxá-las. A porca hexagonal grande é de um sistema de descarga de água para vaso sanitário. A regulagem levou a uma distância de 4 cm. Qual o tamanho da diagonal maior, que é igual ao diâmetro da circunferência circunscrita ao hexágono?

5. Uma instalação possui dutos em forma de tubos sextavados. É preciso passar uma mangueira no interior dos tubos. Se o lado sextavado é de 5 cm, qual é o tamanho máximo do diâmetro do tubo que caberá no interior do duto sextavado?

6. Um parafuso sextavado possui uma cabeça na qual só entra uma chave especial sextavada. Como essa chave possui um lado de 3 mm, e um tecnólogo mecânico quer fabricá-la, qual o diâmetro da circunferência externa, isto é, circunscrita, para que o tecnólogo possa adquirir o vergalhão para desbastá-lo e dar acabamento à construção da chave?

7. Um silo para armazenamento de soja foi construído na forma de um prisma hexagonal, cujo lado possui 10 m internamente e a altura 18 m internos, fora a região inferior que possui um funil que armazena o equivalente a 30 m². Esse silo é abastecido na parte superior por uma esteira rolante e ele é suspenso a 6 m do solo, permitindo que os caminhões venham por baixo para se abastecerem e transportar a soja para o porto. Se o silo só pode armazenar até 15 m de altura interna, qual volume estará estocado quando o silo estiver com 15 m de altura de soja (plana)?

8. Uma estação orbital que gira em torno da Terra possui um dos seus módulos na forma de um tubo hexagonal, cujo lado mede 14 m e o comprimento vai a 30 m. Quando a estação espacial estiver completa, ela possuirá um conjunto de seis desses tubos, formando um hexágono. Qual o diâmetro da circunferência inscrita no conjunto final dos seis tubos?

9. Um tecnólogo foi chamado para dimensionar um tanque que deve armazenar água e possuir um excesso de dois metros de segurança. O detalhe é que o tanque deve ter a forma de um prisma hexagonal. O volume a ser armazenado é de 9.000 litros, a altura deve ser de 3 m de água e 5 m de altura interna do tanque. Qual será o valor do lado?

10. Um tarugo com forma hexagonal e lado de 1 cm será utilizado para fabricação de peças. A siderúrgica que fabrica esse perfil está vendendo os tarugos com comprimento exato de 5 m com corte a laser. Como um distribuidor possui caminhões que podem transportar até 8 t de material com segurança, qual a quantidade de tarugos que pode ser carregada no caminhão (considere que a densidade do aço é de 7,85 t/m³ e a raiz é de 3 = 1,71)?

21

Circunferência, Círculo e Esfera

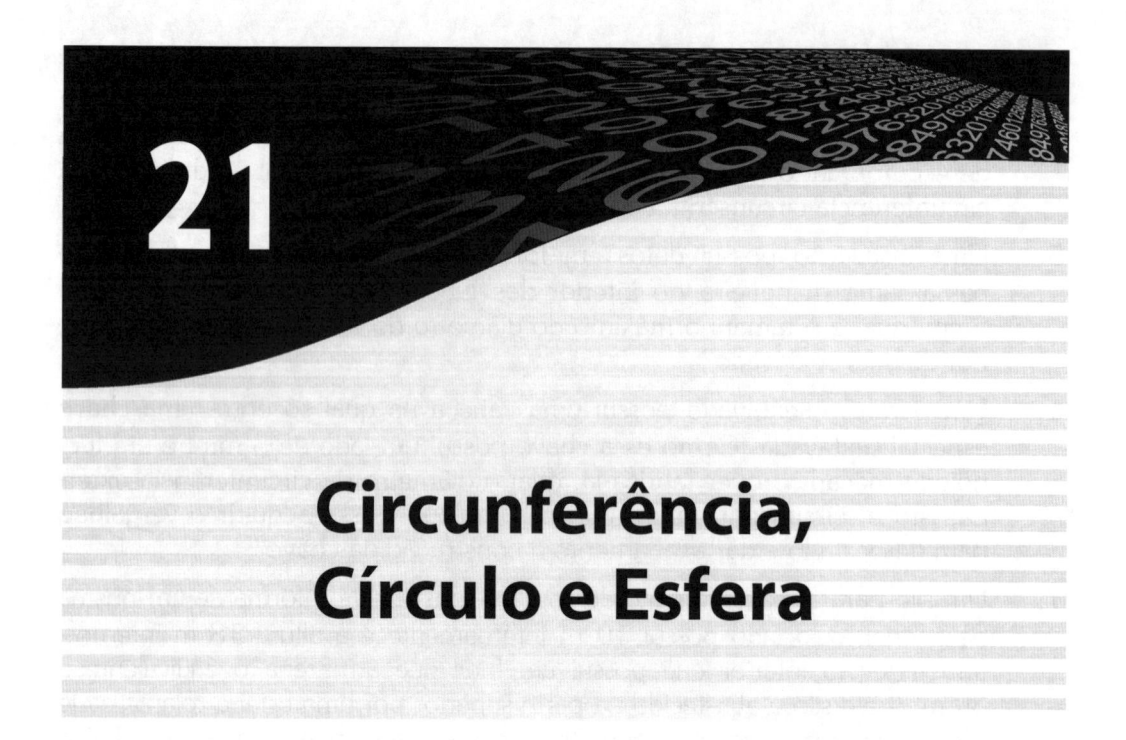

"Fez mais o mar de fundição, de dez côvados duma borda até à outra borda, redondo ao redor, e de cinco côvados de alto; e um cordão de trinta côvados o cingia ao redor."

1 Reis 7:23

21.1 Circunferência

A circunferência é o lugar geométrico de todos os pontos de um plano que estão a uma certa distância, chamada raio, de um certo ponto, chamado centro.

Um conceito correlato e próximo, porém distinto, é o de círculo, que é a área no interior da circunferência.

Uma circunferência é um polígono com um número infinito de lados. É o contorno do círculo.

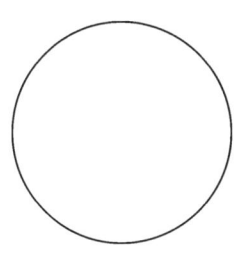

O raio da circunferência é obtido pela relação:

$$R^2 = \frac{D^2 + E^2 - 4A \times F}{4A^2}$$

O perímetro (a extensão) da circunferência pode ser calculado pela seguinte equação:

Perímetro de uma circunferência:

$$P = 2\pi R$$

Área do círculo:

$$A = \pi R^2$$

21.1.1 Área do setor circular

Setor é uma fatia de modo semelhante a um pedaço de queijo ou pizza.

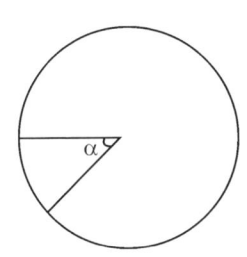

Para calcular a área de um setor, utiliza-se a regra de três:

21.1.2 Regra de três

$$A_0 \to 360°$$
$$A_{setor} \to \alpha°$$

Interpretando o esquema, a área total do círculo (A_0) está para 360° assim como a área do setor está para $\alpha°$.

21.2 Cilindro

É um objeto tridimensional, no espaço, que é gerado pela revolução de 360° de um retângulo que gira em torno de um dos seus lados.

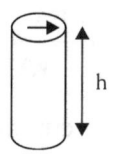

Área do cilindro:

$$At = A\ell + 2A_{base}$$

$$At = 2\pi Rh + 2\pi R^2$$

21.3 Esfera

É o sólido geométrico formado por uma superfície curva contínua cujos pontos estão equidistantes de um outro fixo e interior chamado centro.

É uma superfície fechada de tal forma que todos os pontos dela estão à mesma distância de seu centro, ou ainda, de qualquer ponto de vista de sua superfície, a distância ao centro é a mesma.

Uma esfera é um objeto tridimensional perfeitamente simétrico, como uma bola de futebol ou um globo.

Na matemática, o termo se refere à superfície de uma bola. Na física, esfera é um objeto (usado muitas vezes por causa de sua simplicidade) capaz de colidir ou chocar-se com outros objetos que ocupam espaço.

Quanto à geometria analítica, uma esfera é representada (em coordenadas retangulares) pela equação $(x - a)2 + (y - b)2 + (z - c)2 = r2$, em que a, b, c são os deslocamentos nos eixos x, y, z respectivamente, e r é o raio da esfera.

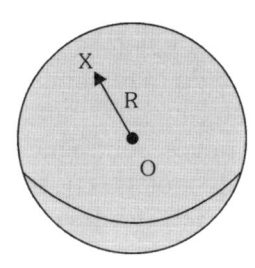

Área da esfera:

$$A = \pi R^2$$

Volume da esfera:

$$V = \frac{4\pi R^3}{3}$$

Exercícios propostos

1. Segundo as normas internacionais de projetos de cabeamento estruturado metálico, um eletroduto só pode ser ocupado em até no máximo 50% de sua capacidade por cabos de par trançado. Se um tubo de eletroduto possuir um diâmetro de 2 polegadas (cada polegada = 2,54 cm), qual área pode ser ocupada por cabeamento?

2. Uma lata de seção circular possui um volume de 10 litros. Se a altura é de 30 cm, qual será o raio da base?

3. Um duto de petróleo possui um diâmetro de 1,5 m. Como esse duto possui uma extensão de 7,8 km, durante o funcionamento, quanto petróleo passa pelo duto em volume?

4. Um tanque de armazenagem de combustível de um foguete possui 2 m de diâmetro e 8 m de comprimento. Qual o volume de armazenagem desse tanque?

5. Um queijo gorgonzola possuía um raio de 50 cm e uma altura fixa de 30 cm. Um comprador levou um setor que correspondia a ¼ do queijo. Qual volume levou o comprador em cm³?

6. Um problema frequente é o da determinação do raio ou diâmetro a partir da cintura externa, isto é, do perímetro da circunferência. Um tecnólogo não podia abrir um foguete para medir o diâmetro. No entanto, com o uso de uma trena, ele mediu o comprimento da circunferência externa, que forneceu o valor de 314 cm. Qual o diâmetro dessa circunferência?

7. O fornecedor de combustível (querosene) para aviação perguntou ao tecnólogo que estava no pátio de manutenção qual era a capacidade máxima de combustível para abastecimento, para um avião que estava com dois tanques de combustível novos, entregues vazios e iguais (maiores que os tanques antigos). O tecnólogo possuía um desenho das medidas internas do tanque com um formato de cilindro com as seguintes dimensões: raio = 200 mm, comprimento = 1.500 mm. Qual o volume de cada tanque?

8. Uma empresa fabricante de produtos químicos criou um tanque para armazenamento de seus produtos. O tanque possui o formato de uma esfera. Sabe-se que o raio interno é de 10 m. Qual volume interno possui o tanque no formato de esfera?

9. José é um tecnólogo proprietário de uma empresa de pinturas e revestimentos. Ele conta com vários funcionários (alguns fixos e outros cooperados) e trabalha por empreitada.

    Recentemente, ele entrou numa licitação de concorrência pública para realizar o revestimento externo do tanque do problema anterior com lã de vidro (para evitar perdas térmicas) e, posteriormente, o material ainda receberá uma camada de pintura de proteção para que tenha sua vida prolongada. Qual a área do tanque ou vaso em forma de esfera do problema anterior para que o tecnólogo possa criar a proposta e entrar na licitação (observação: sabe-se que o tanque é feito de aço com chapas soldadas e que possui uma espessura de 10 cm)?

10. Um tecnólogo em redes de computadores precisa dimensionar o eletroduto que utilizará para cumprir as regras de projeto. Dados: a) um cabo possui no seu interior vários pares de fios; b) os eletrodutos são tubos que vão conduzir e proteger os cabos e podem ser plásticos ou metálicos; c) no máximo 50% da área do duto é utilizada pelos cabos de par trançado; d) existência no mercado de eletrodutos com diâmetro interno de 1 ½, 2, 2 ½, 3, 4 e 5 polegadas (área de um cabo de 25 pares trançados é de 364,65 mm^2). Dadas as condições anteriores, vem o problema:

    No projeto de um andar térreo de um edifício, o tecnólogo notou que precisa passar 32 cabos UTP (de 25 pares trançados cada cabo) e dimensionar o eletroduto que possui seção circular (e deve ser numa das medidas do mercado mencionadas). Qual será o diâmetro interno do eletroduto escolhido?

Respostas dos Exercícios

Capítulo 1

1.3 Unidades de medições

1. Noventa metros.
2. Zero unidade e trinta e sete centésimos.
3. Trinta e cinco mil, quatrocentos e vinte e um metros.
4. Zero unidade e oito milésimos.
5. Quarenta mil metros.
6. Zero unidade e trinta e três centésimos.
7. Trinta e cinco mil e quatrocentos e dezesseis metros.
8. Zero unidade e duzentos e dez milionésimos.
9. Vinte e oito metros e trinta e sete centésimos.
10. Cinco metros e sessenta e sete centésimos.

1.3.2 Unidades de medições de peso

1. 3.750 kg.
2. 2,329 kg.
3. 26,93 t.
4. 1,15 kg.
5. 21 kg.
6. 225 kg.
7. 0,0047 kg.
8. 80 kg.
9. 14.000 mg.
10. 4,125 kg.

1.3.3 Unidades de medições de tempo

1. 28 h.
2. 0,3 h.
3. 5 dias.
4. 14 h.
5. 1 h.
6. 60 dias.
7. 1 h.
8. 0,25 h.
9. 8.130 segundos e dividindo por 60 para ter 135,5 minutos.
10. Dividindo 135,5 minutos por 60 para obter o valor aproximado de 2,26 horas.

1.4 Conversão de unidades

1. 25,4 cm.
2. 0,033 cm.
3. 3.145 cm.
4. 0,0000850 cm.
5. 48,26 cm.
6. 25 cm.
7. 23.900 cm.
8. 231 cm.
9. 507.200 cm.
10. 0,000.025.0 cm.

1.4.2 Conversão de metro em milímetro

1. 0,33 mm.
2. 31.450 mm.
3. 0,000850 mm.
4. 254 mm.
5. 482,6 mm.
6. 250 mm.
7. 239.000 mm.
8. 2.310 mm.
9. 5.072.000 mm.
10. 0,000.250 mm.

1.4.3 Conversão de milímetro em metro

1. 5,34 m.
2. 17,328 m.
3. 10,403 m.
4. 195 m.
5. 148 mm.
6. 12,044 m e 12,192 m.
7. 7,773 m e três contêineres não podem ser empilhados no galpão, que só possui 7,5 m de pé direito.
8. 105,68 cm, 1.066,8 mm ou 1,0668 m.
9. 0,151 m.
10. 1,02 m e 1,24 m.

11. Três voltas. Não se esqueça de corrigir tudo para a mesma unidade e dividir o valor total rodado pelo valor da circunferência da Terra na região do equador.

Capítulo 2

2.1 Soma

1. 10 placas de rede.
2. 89 HDs.
3. 85 m.
4. O total da soma dos arquivos é 613 GBytes que é menor que 650 GBytes do CD, portanto caberão no CD.
5. 181 alunos.
6. 122,7 m.
7. 118 micros.
8. R$ 48.757,65.
9. O total é de 26,48 GBytes, portanto os arquivos juntos não caberão no pen drive.
10. A soma total é 1,58 MByte, então todos os arquivos juntos não cabem no disquete de 1,44 MByte. O que poderia ser feito é carregar somente alguns arquivos, não todos.

2.2 Subtração

1. 88 contêineres.
2. 79 GBytes.
3. R$ 42.671,50.
4. R$ 3.500,00.
5. R$ 6.000,00.
6. 1,006 kg.
7. Restam 7,06 GBytes.
8. Em –9 °C.
9. A nova espessura é de 2,925 mm.
10. Ficaram 16.493 funcionários.

2.3 Multiplicação

1. 98624 knobs.
2. 6.000 GBytes.
3. 189 t.
4. Até 330 máquinas.
5. 2,42 watts de potência dissipada como calor.
6. 5.200 watts.
7. No mínimo vai gastar 31,67 h de trabalho.
8. 1.875t de mercadoria.
9. 1 hora e 5 minutos = 60 × 60 s + 5 × 60 s = 3.600 + 300 = 3.900 s, ou seja, serão fabricadas 390 peças.
10. 50 × 37 = 1.850 alunos.

2.4 Divisão

1. O número de folhas é 10.
2. 1.762/70 = no mínimo 25 salas.
3. 45 monitores.
4. 32 aparelhos.
5. 109/10 = 10,9, ou seja, 11 áreas de trabalho.
6. 11 × 2 = 22 pontos de telecomunicações.
7. 25 × 3 = 75 pares na entrada do bloco. Já na saída do bloco 75/4 = 18,75, ou seja, 19 cabos de 4 pares.
8. 7 depósitos.
9. i = V/R = 127/127 = 1 ampère.
10. [(21 × 25) + (10 × 4)]/100 = 5,65, ou seja, 6 blocos de conexão de 100 pares.

2.5 Potenciação e radiciação

1. 16 m^2.
2. 0,2 × 0,2 × 0,2 = 0,008 m^3; 80 m^3/0,008 m^3 = 10.000 caixas.
3. 6 mícrons = 6 × 0,000.001 m = 6 × 10^{-6} m. Na representação de potência de 10, deixa-se sempre uma casa decimal antes da vírgula, que no caso é o número 6, 10^{-6} m.
4. 0,18 mícrons = 0,18 × 0,000.001 m = 1,8 × 10^{-7} m. Na representação de potência de 10, deixa-se sempre uma casa decimal antes da vírgula, que no caso é o número 1. O "0,8" vem depois e seguido do 10^{-7} m.
5. 0,09 mícrons = 0,09 × 0,000.001 = 9 × 10^{-8} m. Na representação de potência de 10, deixa-se sempre uma casa decimal antes da vírgula, que no caso é o número 9.
6. 6 × 10^3.
7. 1.200.000 = 1,2 × 10^6.
8. 1,25 × 10^8. Na representação de potência de 10, deixa-se sempre uma casa decimal antes da vírgula, que no caso é o número 1, que é seguido do 0,25 e do 10^8.
9. 300.000 km/s = 300.000.000 m/s = 3 × 10^8 m/s.
10. 400 nm = 400 × 0,000.000.001 m = 4 × 0,000.000.1 m = 4 × 10^{-7} m.

2.7 Comparações lógicas

1. Número máximo de passageiros ≤ 52.
2. A regulagem do aparelho é para 90 ≤ X ≤ 110.
3. Distância ≤ 50 km.
4. 400 < luz visível < 700 nm.
5. Capacidade de HD permitida > 200 GBytes.
6. 10 ≤ contêineres ≤ 65.
7. Peso máximo da carga < 25 t.
8. Velocidade < 120 km/h.
9. Alunos ≥ 50.
10. Número de páginas ≤ 382.

Capítulo 3

3.1 Números binários

1. $2^8 = 256$ possibilidades
2. $2^{16} = 65.536$ possibilidades
3. $2^{32} = 4.294.967.296$ possibilidades
4. 14 bytes.
5. 200 × 20 × 10 = 40.000 bytes ou 40 KBytes.
6. 300.000 → 100%
   X → 30%

   $$X = \frac{300.000 \times 30\%}{100\%} = 90.000 \text{ de redução}$$

   portanto, o tamanho final é 210.000 bytes (ou seja, 300.000 – 90.000 = 210.000 bytes).
7. 3000/2 = 1.500 segundos;
   1500/60 = 26 minutos.
8. Um disquete de 1,44 MB possui cerca de 1.440.000 bytes.
9. Cada CD tem 650 MBytes (mais ou menos). Cada DVD tem 4,3 GBytes. É preciso unificar as unidades. Podemos considerar cada DVD com 4.300 MBytes. Desta forma:
   4300/650 = 6,6, aproximadamente 7 CDs.
10. 160/40 = 4 HDs.

11. 500.000 bytes por segundo é a velocidade de transmissão.

O arquivo de 8 MBytes = 8 milhões de bytes vai levar o tempo 8.000.000/500.000 = 8.000/500 = 16 segundos.

12. Arquivo de fotos = 20 MBytes = 20.000.000 bytes.

500.000 bytes por segundo é a velocidade de transmissão.

20.000.000/500.000 = 200/5 = 40 segundos.

13. 50 (caracteres por linha) × 20 (linhas por página) × 20 (páginas) = 200.000 bytes.

Tempo necessário para digitar = 200.000 × 1 = 200.000 segundos.

200.000/60 = 3.333 minutos.

3.333/60 = 55 horas.

Suponhamos que a pessoa digite cinco horas por dia. Quantos dias ela levaria para terminar o serviço?

55/5 = em torno de 11 dias.

3.1.1 Conversão da base

1. 10110_2

2. 22_{10}

3. 111_2

				Decimal
1	0	0	←	4
+	1	1	←	3
1	1	1	←	7

Sendo:
- 0 + 1 = 1
- 0 + 1 = 1
- Desce o 1

4. 11001_2

	1	1	1			Decimal
		1	1	1	1	← 15
+		1	0	1	0	← 10
	1	1	0	0	1	← 25

Sendo:

⇒ 1 + 0 = 1

⇒ 1 + 1 = 0 e vai 1 na casa anterior

⇒ 1 + 0 = 1, 1 + 1 = 0 e vai 1 na casa anterior (observação: o resultado de 1 + 0 = 1, o 1 que ficou soma do 1 que foi da casa anterior)

⇒ 1 + 1 = 0 e vai 1 na casa anterior, 0 + 1 = 1, o 1 que foi explode e desce

5. 101_2

	1				Decimal
+		1	1	←	3
		1	0	←	2
	1	0	1	←	5

Sendo:

⇒ 1 + 0 = 1

⇒ 1 + 1 = 0 e vai 1 na casa anterior. O 1 que foi explode e desce.

6. 101_2

	1	1	1	1		Decimal
−	1	0	1	0	0	20
		1	1	1	1	15
	0	0	1	0	1	5

Sendo:

⇒ 0 − 1 = 1 e vai 1

⇒ 0 − 1 = 1 e vai 1, 1 − 1 = 0 (observação: o resultado de 0 − 1 = 1 e vai 1 na casa anterior, o 1 que ficou subtrai do 1 que foi da casa anterior)

⇒ 1 − 1 = 0, 0 − 1 = 1 e vai 1 (observação: o resultado de 1 − 1 = 0, subtrai do 1 que foi da casa anterior)

⇒ 0 − 1 = 1 e vai 1, 1 − 1 = 0 (observação: o resultado de 0 − 1 = é 1 e vai 1 na casa anterior, o 1 que ficou subtrai do 1 que foi da casa anterior)

⇒ 1 − 1 = 0

7. 1100_2

	1	1					Decimal
−	1	1	0	0	1	←	25
		1	1	0	1	←	13
	0	1	1	0	0	←	12

Sendo:
- $1 - 1 = 0$
- $0 - 0 = 0$
- $0 - 1 = 1$ e vai 1
- $1 - 1 = 0$, $0 - 1 = 1$ e vai 1 (observação: o resultado de $1 - 1 = 0$, subtrai do 1 que foi da casa anterior)
- $1 - 1 = 0$

8. 1110_2

		1					Decimal
−	1	0	1	0	1	1	1	←	87
	1	0	0	1	0	0	1	←	73
	0	0	0	1	1	1	0	←	14

Sendo:
- $1 - 1 = 0$
- $1 - 0 = 1$
- $1 - 0 = 1$
- $0 - 1 = 1$ e vai 1 (na casa anterior)
- $1 - 0 = 1$, $1 - 1 = 0$ (o resultado de $1 - 0 = 1$, subtrai do 1 que foi da casa anterior)
- $0 - 0 = 0$
- $1 - 1 = 0$

9. 110000_2

$$\begin{array}{r} 1000 \\ \times\ 110 \\ \hline 0000 \\ 1000 \\ 1000 \\ \hline 110000 \end{array}$$

$1000 = 8$ (base decimal)
$110 = 6$ (base decimal)
$110000 = 48$ (base decimal)

10. 100101100_2

```
   11110   = 30 (base decimal)
 x  1010   = 10 (base decimal)
 ───────
   00000000
    11110
   00000    +   ( 1 + 1 = 0 e vai 1 )
   11110
   0
 ─────────
   100101100
                =  300 (base decimal)
```

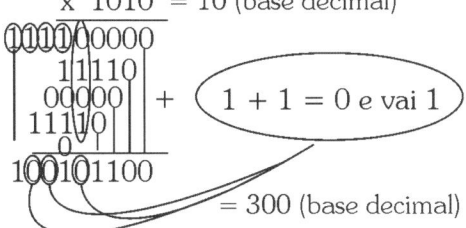

3.2 Número octal (base 8)

1. 12_8
2. 40_8
3. 12_{10}
4. 17_{10}
5. 61_8
6. 20_8
7. 102_8
8. 22_8
9. 4_8
10. 7_8

3.3 Número hexadecimal (base 16)

1. $A2_{16}$
2. 48_{16}
3. 47_{10}
4. 138_{10}
5. 361_{16}
6. 69_{16}
7. C_{16}
8. $3F_{16}$
9. $3A_{16}$
10. 79_{16}

3.4 Frações de números binários

1. $3,1/2_{10}$ ou $3,5_{10}$
2. $5,7/8_{10}$ ou $5,87_{10}$
3. $7,3/4_{10}$ ou $7,75_{10}$
4. $1,1/2_{10}$ ou $1,5_{10}$
5. $2,9/16_{10}$ ou $2,56_{10}$
6. $3,7/8_{10}$ ou $3,87_{10}$
7. $3,5/8_{10}$ ou $3,62_{10}$
8. $1,7/8_{10}$ ou $1,87_{10}$
9. $4,3/4_{10}$ ou $4,75_{10}$
10. $3,1/2_{10}$ ou $3,5_{10}$

Capítulo 4

4.1 Grandezas diretamente proporcionais

1. Inversamente proporcional.
2. Diretamente proporcional.
3. As grandezas mencionadas são inversamente proporcionais e com uma velocidade de 10 km/h o tempo gasto será de 40 horas.
4. Diretamente proporcionais, pois à medida que aumenta a distância, aumenta o consumo de combustível proporcionalmente.
5. Inversamente proporcionais. Porém, como os arquivos podem ter tamanhos diferentes, nem sempre vários arquivos ocuparão mais espaço que um único arquivo grande. Por outro lado, quanto mais arquivos, maior será o espaço ocupado e menor o livre.
6. As grandezas mencionadas são diretamente proporcionais, pois se os arquivos são maiores, também será maior o tempo de download.
7. Pela regra de três, o valor da força será de 25 N.
8. Essas grandezas são inversamente proporcionais e o valor da aceleração é de 10 m/s^2.
9. A quantidade de peças e o número de dias necessários para fabricação das 800 peças são inversamente proporcionais. Usando a regra de três, obtém-se o seguinte: um operário está para 80 dias, assim como cinco operários estão para X dias.
   $5 \times x = 1 \times 80$, ou seja, $x = 80/5 = 16$, isto é, a fabricação vai demorar 16 dias corridos.
10. Inversamente proporcional. 10 km gastam 1 litro, pela regra de três, 345 km gastarão X litros e o restante no tanque de combustível é: $Z = 70 - X$, desse modo $X = 345/10 = 34,5$ litros. $Z = 70 - 34,5 = 35,5$ litros restantes.

4.3 O cálculo de porcentagens

1. R$ 6.000,00 com 100% de aumento é = 6.000 + (aumento de 6.000) = R$ 12.000,00.
2. 10% de R$ 1.900,00 = R$ 190,00, logo o novo valor acrescido de 10% será R$ 2.090,00.
3. Aumento = $\dfrac{40}{120} = \dfrac{4}{12} = \dfrac{1}{3} = 0,33$, ou seja, multiplicando por 100 = 33%.

4. 5% de 245 calcula-se assim: $\dfrac{245 \times 5}{100} = 12{,}25$, o que, arredondando, dá 13 máquinas a serem adquiridas.

5. O valor de cinco *switches* sem desconto será $350{,}00 \times 5 = 1.750{,}00$.
O valor de 12% de desconto será $\dfrac{1.750{,}00 \times 12}{100} = 210{,}00$. Logo, o valor a ser pago após o desconto será $1.750{,}00 - 210{,}00 = 1.540{,}00$.

6. 6% de 100 = 6 peças. 3% de 100 = 3 peças. Se houve uma redução de 6% para 3%, houve um ganho de três peças boas a cada 100 peças produzidas.

7. Novo atendimento $= 16 + 5\% \times 16 = 16 + \dfrac{5 \times 16}{100} = 16 + \dfrac{80}{100} = 16 + 0{,}8 = 16{,}8$ atendimentos por dia.

8. Podemos utilizar a regra de três, pois 28 está para 6% assim como 100% está para X. Desta forma, $X = \dfrac{28 \times 100}{6} = \dfrac{2800}{6} = 466{,}67$, ou seja, arredondando para cima, o total de clientes é 467.

9. $40 + \dfrac{40 \times 72}{100} = 40 + 28{,}8 = 68{,}8$ dólares.

10. Considerando X um desconto ou diminuição porcentual de valor:
Valor final = valor inicial − X × valor inicial = valor inicial (1 − X)
$\dfrac{\text{valor final}}{\text{valor inicial}} = 1 - X$, ou seja, $X = 1 - \dfrac{\text{valor final}}{\text{valor inicial}}$
$X = 1 - \dfrac{148}{50} = 1 - 2{,}96 = -1{,}96$, ou multiplicando por 100, tem-se uma diminuição de 196% e o valor negativo indica essa diminuição.

Capítulo 5

1. M = ?
C = 50.000,00
Período, t = 12 meses
j = 2,35% ou 0,0235 ao mês
M = C (1 + j × t)
M = 50.000 (1 + 0,0235 × 12) = 50.000 (1 + 0,282) = 50.000 (1,282)
= 64.100,00

2. $M = ?$
   $C = 50.000,00$
   Período, $t = 12$ meses
   $j = 2,35\%$ ou $0,0235$ ao mês
   $M = C(1 + j)^t$
   $M = 50.000 (1 + 0,0235)^{12} = 50.000 (1,0235)^{12} = 50.000 (1,321) = 66.050,00$

3. $M = ?$
   5 anos = 60 meses. $C = 60.000,00$. $j = 0,0099$, ou $0,99\%$ ao mês
   $M = C(1 + j \times t) = 60.000 (1 + 0,0099 \times 60) = 60.000 (1+ 0,594) = 60.000 \times 1,594 = 95.640$. O valor do montante após os cinco anos é de R$ 95.640,00

4. $M = ?$
   5 anos são 60 meses
   $C = 60.000,00$
   $j = 1,99\%$ ou $0,0199$ ao mês
   $M = C(1 + j \times t)$
   $M = 60.000 (1 + 0,0199 \times 60) = 60.000,00 (1 + 1,194) = 60.000 (2,194) = 131.640,00$
   Note que 1% a mais, em cinco anos, fez com que o valor do montante subisse de R$ 95.640,00 para R$ 131.640,00, ou seja, 1% de juro a mais fez uma diferença de R$ 40.000,00.

5. $M = C(1 + j)^t = 60.000 (1 + 0,0099)^{60} = 60.000 (1,0099)^{60} = 60.000*1,806 = 108.360,00$. Em relação ao cálculo realizado com juro simples que deu R$ 95.640,00, houve um ganho de R$ 12.720,00.

6. $M = C(1 + j)^t = 65.000 (1 + 0,01)^{20} = 65.000 \times 1,01^{20} = 65.000 \times 1,22 = 79.300,00$.

7. $M = C(1 + 0,028)^{15} = 40.000 (1,028)^{15} = 40.000 \times 1,513 = 60.528,00$.

8. Cálculo com juro simples: $M1 = 10.000 (1 + 0,016 \times 10) = 10.000 (1 + 0,16) = 10.000 (1,16) = 11.600,00$.
   Cálculo com juro composto: $M2 = 10.000 (1 + 0,016)^{10} = 10.000 (1,016)^{10} = 10.000 \times 1,172 = 11.720,00$.
   Logo, o menor montante, neste caso, é com o juro simples.

9. Juro simples: $Ms = 20.000 (1 + 0,021 \times 15) = 20.000 (1 + 0,315) = 20.000 \times 1,315 = 26.300,00$.
   Juro composto: $Mc = 20.000 (1 + 0,026)^{12} = 20.000 \times 1,36 = 27.200,00$.

Logo, o maior valor é o do juro composto.

10. M = 10.000 (1 + 0,12 × 1) = 10.000 (1,12) = 11.200,00.

Capítulo 6

6.1.1 Aplicações de funções

1. Variável dependente.

2. O consumo de gás no restaurante é função do número de pessoas que almoçam.

A função é crescente, pois quanto mais pessoas, maior o consumo de gás.

A equação que rege esse fenômeno é: consumo total = 0,5 × pessoas.

O domínio é o número de pessoas que pode ser atendido no período considerado e a imagem é o valor de consumo de gás total.

3. A variável independente é o tempo e o domínio formado pelos valores de tempo nos quais a máquina estará abastecida de cimento, funcionando e fabricando os sacos de cimento. A imagem, ou contradomínio, é formada pelos valores de número de sacos de cimento produzidos, que é dependente do tempo de produção da máquina. A função pode ser representada da seguinte forma:

$$\text{número de sacos (50 kg) de cimento} = 6 \times \text{tempo}$$

No caso, o tempo deve ser fornecido em horas de funcionamento da máquina e a cada hora são produzidos seis sacos de cimento.

4. Ele receberá 30 × 25 = 750,00/dia. Ele recebe 30/8 = 3,75 pacientes por hora, mas terá o desconto de 450,00/dia que implica em 450/8 = 56,25 por hora.

A função do ganho do cirurgião-dentista será:

Ganho líquido por hora = (3,75 × 25 − 56,25) × horas = 37,5 × horas

A função é:

$$\text{ganho horário} = 37,5 \times \text{horas}$$

Para um dia, o domínio é o número de horas trabalhadas num dia que varia de zero a oito horas.

Já a imagem é o ganho possível que ficará entre o mínimo de 0 real e o máximo de 300 reais, que é 750,00 − 450,00.

5. De cada 18 peças produzidas por minuto, 30% não são enviadas para o mercado de reposição. Em termos matemáticos, (18 × 30)/100 = 5,4 peças.

Número de peças no mercado de reposição = (18 − 5,4) × t

Número de peças no mercado de reposição = 12,6 × t

Em que o domínio é formado pelo tempo em minutos de funcionamento da máquina e a imagem, pelo número de peças produzidas.

6. O valor é uma função do número de pontos de redes instalados.

    A função é valor = 80 × pontos.

    O número de pontos é a variável independente, cujo domínio varia de 0 a 257 pontos. A variável dependente é o valor, que depende do número de pontos instalados, ou seja, mais pontos, maior o valor; menos pontos, menor o valor. A imagem varia de 0 real para zero ponto instalado, até R$ 20.560,00 para os 257 pontos instalados.

7. A função é a seguinte:

    Tempo de download = tamanho do arquivo/56.200.

    Quanto maior o arquivo, maior o tempo de download e quanto menor, menor será esse tempo.

    No caso particular do arquivo de 337.200 bits, o tempo será:

    Tempo de download = 337.200/56.200 = 6 s.

8. Sim. Existe uma função: peso = função do mês. Matematicamente falando:

    Peso = (mês)^2.

    O domínio dessa função vem com a variável independente que é o tempo em meses. Esse domínio varia entre 1 e 30 meses.

    A imagem da função vem com a variável dependente, que é o peso em kg.

9. O preço varia com o tempo (medido em anos). A variável dependente é o preço e a independente é o tempo (em anos).

    A função é:

    Preço(ano) = [preço antigo − (preço antigo × 0,10 × ano)].

10. É função crescente, quem ganha mais paga mais. É função descontínua. Não apresenta ponto de inflexão.

6.2 O plano cartesiano

1. É o eixo horizontal, eixo X, em que são colocadas as variáveis independentes.
2. É o eixo vertical, eixo Y, em que são colocadas as variáveis dependentes.
3. A (3;3) gera A_1 (−3; 3); A_2 (−3; −3) e A_3 (3; −3).
4. A localização é respectivamente:

    A = 2º quadrante;

    B = 4º quadrante;

    C = 3º quadrante;

D = 4º quadrante;
E = 1º quadrante;
F = 2º quadrante.

5. A figura geométrica é um triângulo.
6. Segundo quadrante.
7. Localizam-se no segundo quadrante.
A (2;2); B (2;4); C (–2;–4); D (–3;–2); E (1,5)

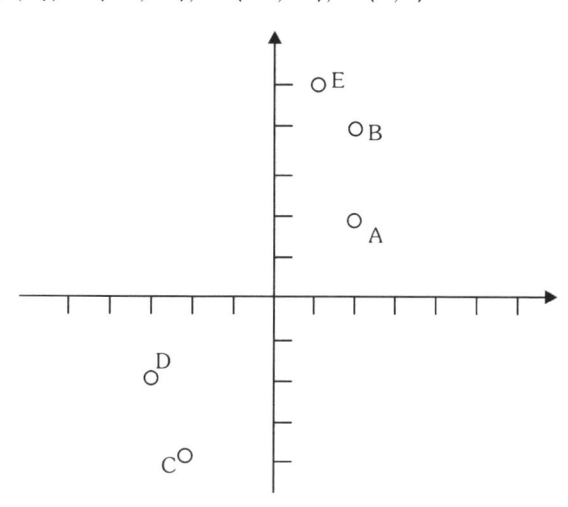

8. A (2;1) e B (5;6)

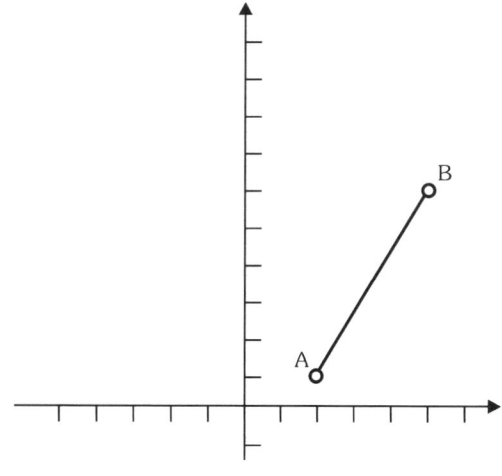

9. A figura é um quadrado.
10. X ficará com a variável independente no eixo das abscissas, e Y ficará com a variável dependente de X, e no eixo das ordenadas.

Capítulo 7

1. O valor no mês de dezembro é US$ 40 e a função é decrescente.
2. A função é crescente. O valor da pressão é p = 2,5 atm.
3. Salário = 4.000,00 + 0,05 × X.
4. O domínio é formado pela variável tempo, que varia de 0 minuto até o tempo necessário para encher o reservatório com a velocidade de vazão considerada. Ou seja, t = 900.000/600 = 1.500 minutos. Então, o intervalo varia de 0 a 1.500 minutos.

   Já a imagem ou contradomínio varia de 0 a 900.000 litros.

   A função de enchimento é:

   (Quantidade de litros) = (vazão) × (tempo em minutos)

5. O domínio é formado pela variável tempo, que varia de 0 minuto até o tempo necessário para encher o reservatório com a velocidade de vazão considerada. Ou seja, t = (900.000 − 500.000)/600 = 1.500 minutos. Então, o intervalo varia de 0 a 666,67 minutos.

   Já a imagem ou contradomínio varia de 500.000 a 900.000 litros.

   A nova função de enchimento é:

   (Quantidade de litros) = (vazão) × (tempo em minutos) + 500.000

   É preciso somar mais 500.000 litros, pois já estão presentes no reservatório.

6. SR = SB − 0,08 × SB = 30 × H − 0,08 × 30 × H = 30 × H − 2,4 × H = H (30 − 2,4) = 27,6 × H

7. Domínio: t = 1 a 12 (ou seja, de janeiro a dezembro)

   Com um valor inicial de 100.000,00, tem-se:

   Valor do mês = 100.000 [1 + 0,1 × (t−1)]

8. TF = (9/5) × (32−TC). O domínio é a temperatura em graus centígrados e a imagem é a temperatura em Fahrenheit.

9. A = −2 × a = −2 × 200 = −400 km/h^2

   B = 2.500 km/h

   C = 0

   Logo, delta = B^2 − 4 × A × C = 2 × 500^2 − 4 × (−400) × 0 = −5.000

   Ponto de máximo

   Máx (−B/(2 × A); −delta/(4 × A))

   Máx (−2.500/(2 × (−400)); −(−5.000)/(4 × (−400)))

   Máx (−2.500/−800); (5000/−1.600)

Máx (–25/8; –50/16)
Máx (–3,2; –3,3).
10. A = 8
B = 5
C = 9
Delta = 25 – 4 × 8 × 9 = 25 – 288 = –263, portanto a raiz é negativa e não existe X1 e X2. É possível calcular o ponto de mínimo:
Mín (–B/(2 × A); –delta/(4 × A))

Capítulo 8

1. Log E = 11,8 + 1,5 M
   base = 10; logaritmando = E, e valor do logaritmo = 11,8 + 1,5 M.
2. $M_L = \log A - \log A_0$
   Resolução: Usando as propriedades $M_L = \log A/A_0$
3. pH = log (1/(2 × 10^{-9})) = log (0,5 × 10^9) = log 0,5 + log10^9 = (log 0,5) + 9 × log 10 = (log 0,5) + 9 = –0,301 + 9 = 8,7.
4. 10^3 = 1 / [H$^+$]
   [H$^+$] = 1 / 10^3
   [H$^+$] = 0,001 mols/litro.
5. 250 g.
6. Cerca de 346 dias.
7. a = 120 e b = –ln 2.
8. 3 m.
9. Cerca de 20 anos.
10. MS = log (1.000 × 0,1) + 3,3
    MS = log 100 + 3,3
    Log 100 = x
    10^x = 100
    10^x = 10^2
    portanto, x = 2, e o cálculo de MS será:
    MS = 2 + 3,3 MS = 5,3 (com margem de erro 0,3 para mais ou para menos) na escala Richter.

Capítulo 9

1.

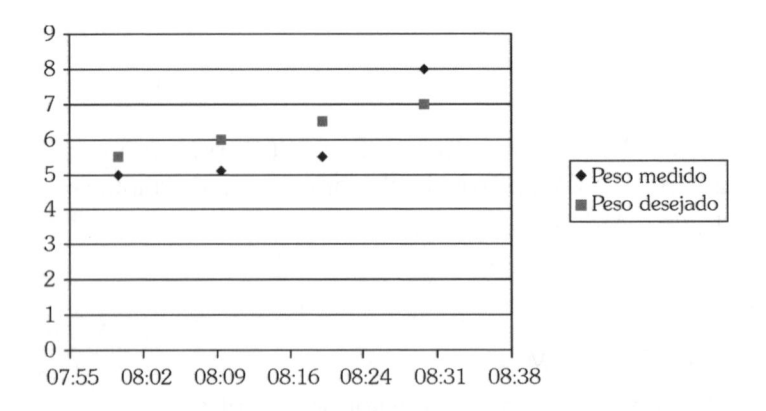

2.

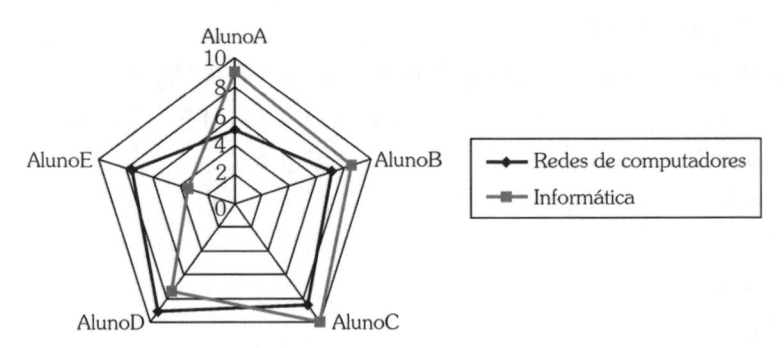

3.

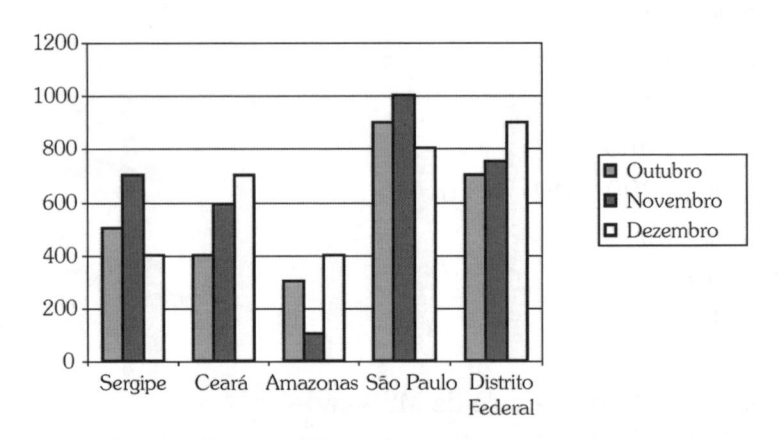

4.

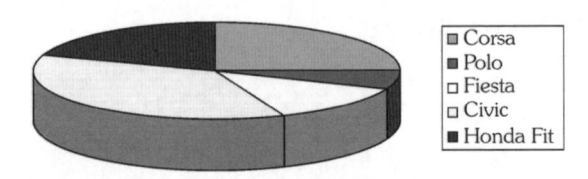

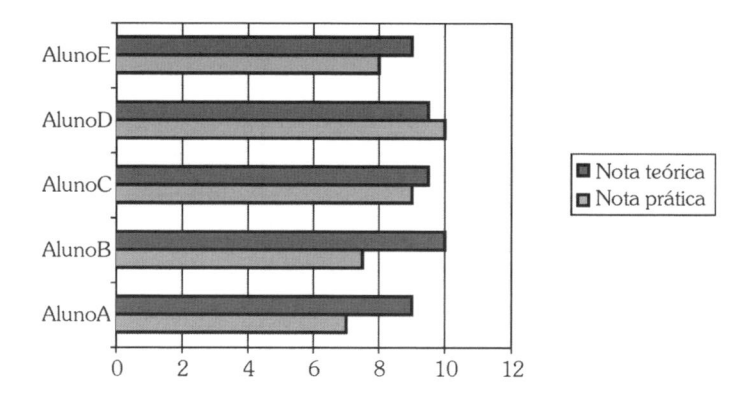

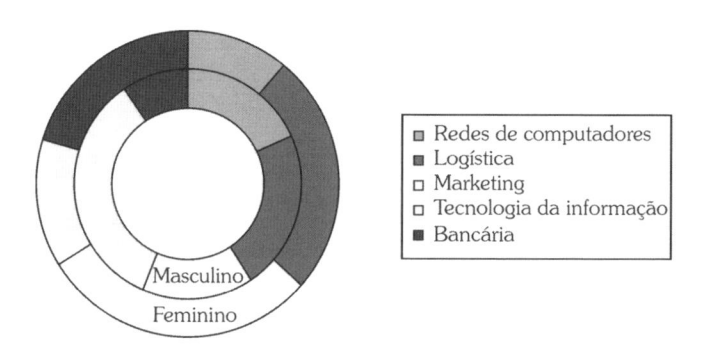

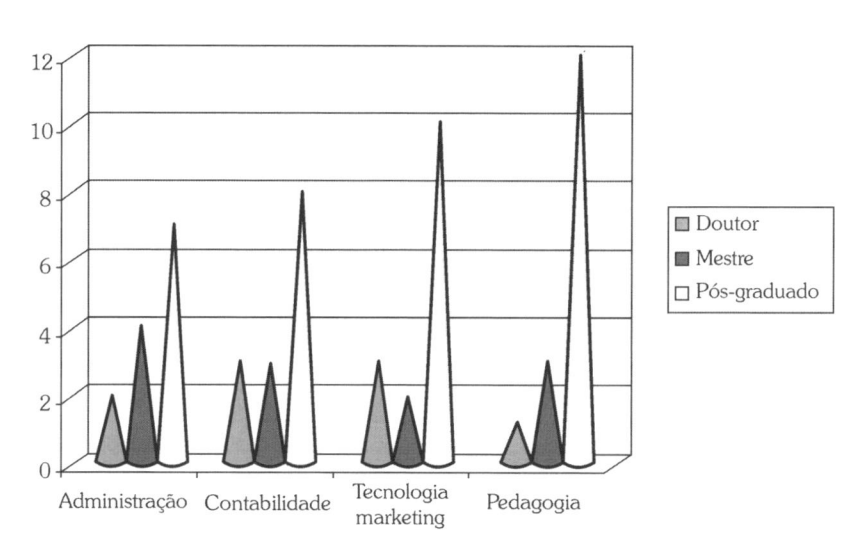

5.

6.

7.

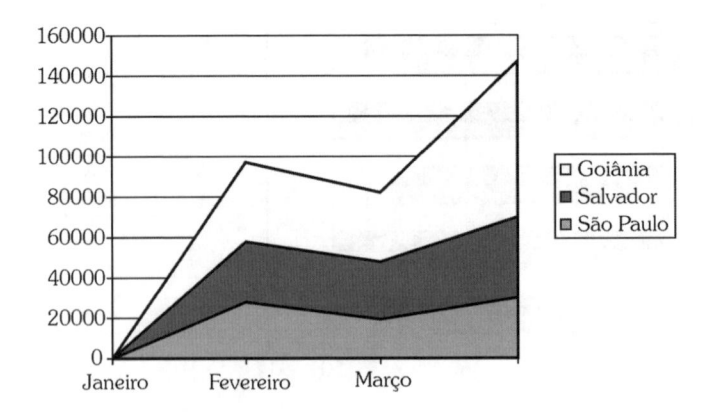

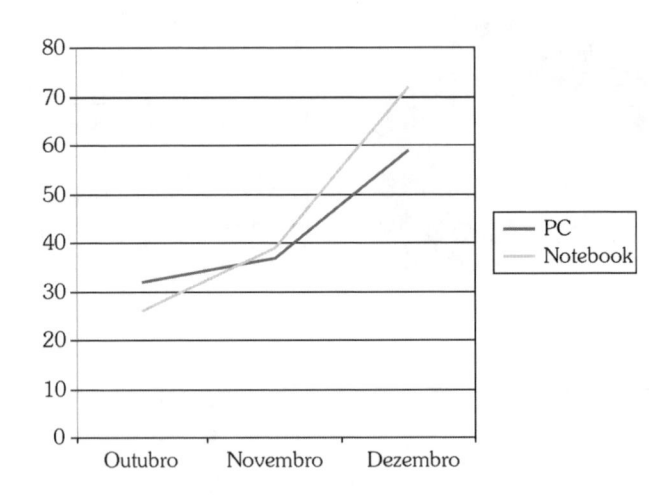

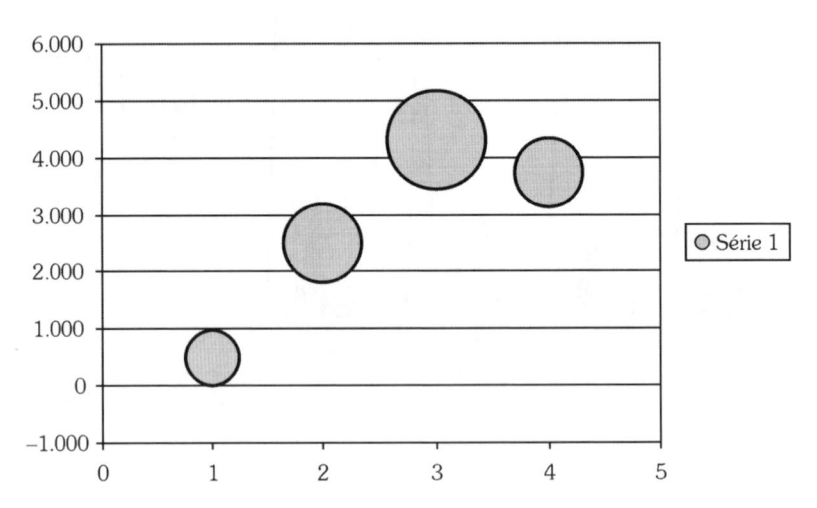

8.

9.

10.

Capítulo 10

1. Montando a tabela seguinte, em que na parte superior entra o ano e na inferior a quantidade de usuários, pode-se notar que em 30 anos há uma tendência de alcançar o número máximo de 100.000 usuários de Internet que é o limite superior:

1	2	3	4	5	6	7	8	9	10	11	12	13	14
66667	83333	88889	91667	93333	94444	95238	95833	96296	96667	96970	97222	97436	97619

15	16	17	18	19	20	21	22	23	24	25	28	30
97778	97917	98039	98148	98246	98333	98413	98485	98551	98611	98667	98810	98889

2. O valor tende a zero, pois para tempos muito grandes não haverá mais a emissão radioativa.

3. O valor tenderá para o infinito também.

4. O valor que se obtém é zero, pois a derivada de uma constante é sempre zero, ou seja, ela não varia.

5. A taxa de crescimento das vendas é de 50, que é obtida derivando a equação.

6. O valor da aceleração é de -12 km/s^2.

7. Velocidade = 240 – 12 × t.

S(t) = 240 t – 6 t^2.

8. $S(t) = \int v(t) \times dt$, ou seja: S(t) = 300 t.

9. É negativa, pois a aceleração negativa indica uma diminuição de velocidade, ou seja, conforme o tempo passa, a velocidade diminui. Por outro lado, a velocidade mede como um movimento ocorre, ou seja, mesmo diminuindo, o objeto ou veículo ainda continua se movendo enquanto houver velocidade.

10. Salário(t) = 3.000 + 200 × t.

Integrando janeiro mês 1 até dezembro mês 12, obtém-se:

Quantidade de dinheiro ganho no ano = $\int_{1}^{12}(3.000 + 200 \times t) \times dt$.

Ou seja, o valor da área abaixo da figura do gráfico da função salário, que é um trapézio, é:

Quantidade de dinheiro ganho no ano = (3.200 + 5.400) × 11/2 = 47.300,00.

Capítulo 11

1. Matriz é uma tabela.
2. Matriz 15x13.
3. Matriz quadrada.
4. b31 = peça C; c33 = 123.
5. $\text{matriz} = \begin{pmatrix} 1/3 \\ 1/3 \\ 1/3 \\ 1/3 \\ 1/3 \end{pmatrix}$
6. É uma matriz 37x7 e os índices são i = 37 e j = 7.
7. É uma matriz com índice "m" e "n", em que m = n. As letras "m" e "n" podem ser quaisquer outras letras, por exemplo: "i" e "j", ou então "A" e "B" etc.
8. Determinante é uma função que associa cada matriz quadrada a um valor.
9. A (1,1); B (3,6) e C (5,3).
10.

$$\text{Área} = \begin{vmatrix} 1 & 1 & 1 \\ 3 & 6 & 1 \\ 5 & 3 & 1 \end{vmatrix}$$

$$\text{Área} = \begin{vmatrix} 1 & 1 & 1 & 1 & 1 \\ 3 & 6 & 1 & 3 & 6 \\ 5 & 3 & 1 & 5 & 3 \end{vmatrix}$$

30   3   3   6   5   9

Área = 36 − 20 = 16
Área = 16 unidades^2

Capítulo 12

1. Equações do primeiro grau, ou seja, equações que fornecem retas.
2. Não. Para que um sistema linear seja resolvível, é preciso que ele possua pelo menos o mesmo número de equações e incógnitas.

3. Modelo é uma representação da realidade.

4. Modelagem é o processo de criação de modelo.

5. Modelagem matemática é a criação de equações que representem alguma realidade e desta forma permitam que se realizem previsões. Exemplo: fórmula do cálculo de imposto de renda (permite que se faça a previsão desse cálculo), fórmula de cálculo da média de alunos numa disciplina que tenha duas provas bimestrais e a média de aprovação seja maior ou igual a seis (permite que os alunos realizem previsões e simulações, por exemplo, da nota que precisam tirar nas próximas provas para passar de ano).

6. **equação 1:** $2 \times X + Y = 3$

equação 2: $3 \times X + 2 \times Y = 6$

Pegando a equação 1, pode-se isolar o valor de $y = 3 - 2X$. A seguir substitui-se este valor na equação 2:

$3 \times X + 2(3 - 2X) = 6$

$3X + 6 - 4X = 6$

$-X + 6 = 6$

$X = 0$. Usando este valor de volta na equação 1, obtém-se o valor de Y:

$Y = 3 - 2 \times 0$, ou seja, $Y = 3$.

Deve-se comprar somente kits da empresa Y, os quais fornecem a melhor solução de que a empresa montadora de notebooks necessita.

7. O problema será modelado pelas equações lineares:

$X + Y = 250$ (equação 1)

$Y = 2X$ (equação 2, do lucro)

$X \leq 200$ (equação 3)

$Y > 20$ (equação 4)

Temos montado o sistema de equações que fica fácil de resolver, pois há somente duas incógnitas, que são X e Y, e possuímos várias equações.

Veja a seguir o gráfico que mostra a solução.

Observa-se que o ponto correspondente à solução do problema é aquele que fica na junção das equações 1 e 2.

$$\begin{cases} X + Y = 250 \\ Y = 2X \end{cases}$$

Substituindo a equação 2, na equação 1, teremos:

X + 2X = 250

3X = 250

X = 83,3

Y = 2 × (83,3) = 166,6

Y = 166,6

Logo, o ponto de máximo lucro é aquele que fica nas coordenadas (83,3; 166,6), ou seja, é o ponto no qual a empresa vai adquirir 83,3 do produto X e 166,6 do produto Y, isto é, mantendo a relação do dobro de Y em relação a X.

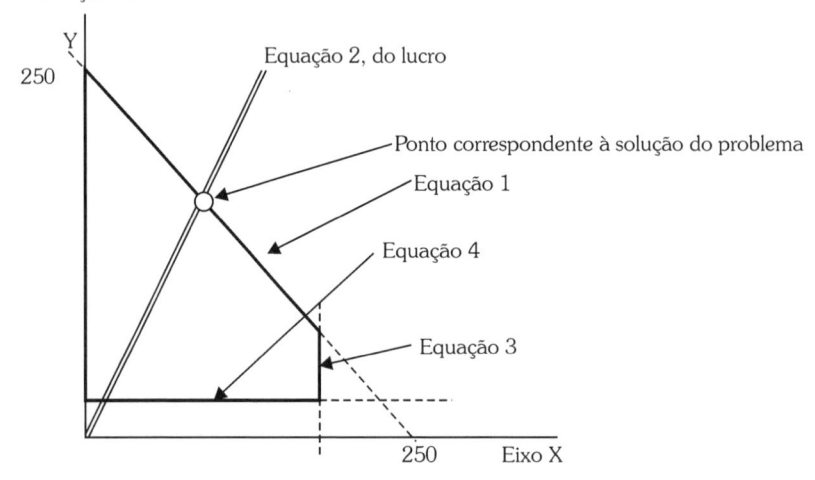

8. Um exemplo de modelo físico é a maquete de um prédio. Outro exemplo é a planta de uma residência. Ambos permitem realizar o planejamento de que se necessita.

9. O problema à primeira vista parece complexo. É preciso modelá-lo por meio de equações lineares e depois resolver o sistema de equações.

   A equação do lucro será 10.HXP + 8.LEX.

   As restrições serão:

   HXP ≤ 6

   LEX ≤ 5

   4 × HXP + 2 × LEX ≤ 12

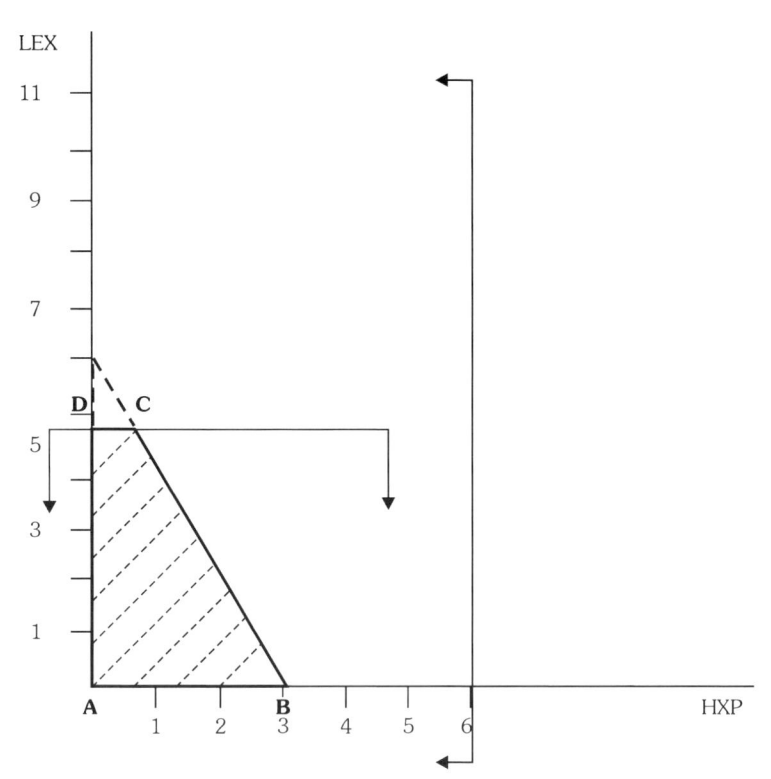

Pode-se observar que os pontos:

A (0; 0): $10 \times 0 + 8 \times 0 = 0$

B (3; 0): $10 \times 3 + 8 \times 0 = 30$

C (0,75; 5): $10 \times 0,75 + 8 \times 5 = 47,5$ (esta é a melhor alternativa)

D (0; 5): $10 \times 0 + 8 \times 5 = 40$

10. Quando encontramos um valor para cada variável, pode-se dizer que o sistema é possível e determinado. Quando podemos escrever uma variável em função de outra. É impossível quando chegamos a algum absurdo.

Capítulo 13

1. $a_1 = 20\ °C$; $a_n = 250\ °C$ (para esta primeira fase de aquecimento); $r = 10°C$ e $n = 23$ termos.

    $a_{15} = 20 + (23 - 1) \times 10 = 20 + 22 \times 10 = 20 + 220 = 240\ °C$.

2. $r = 1,5$ m; $a_{5000} = 0 + (5.000 - 1) \times 1,5$, ou seja, $a_{5000} = 4999 \times 1,5 = 7.498,5$ m ou aproximadamente, 7,5 km rodados.

3. $a_1 = 7$; $a_{22} = 133$

    $a_{22} = a_1 + (22 - 1) \times r$

    $133 = 7 + (21) \times r$

Apêndice A - Respostas dos Exercícios

$127 = 21 \times r$

$r = 127/21 = 6$ km. Serão instalados 20 telefones, um a cada 6 km.

4. $a_1 = 1.500$, $a_2 = 1.700$; $a_3 = 1.900$; $a_4 = 2.100$ etc.

A PA será $a_n = a_1 + (n - 1) \times r = 1.500 + (24 - 1) \times 200 = 1.500 + 23 \times 200 = 6.100$.

Como dois anos são n = 24 meses e a fórmula do somatório de uma PA é:

$$S = \frac{(a_1 + a_n) \times n}{2}$$

$S_{24} = \frac{(1.500 + 6.100)}{2} \times 24 = 7.600 \times 12 = 91.200$, ou seja, serão produzidos 91.200 veículos.

5. $a_1 = 75$; $r = 75$

Por dia ela faz um número de horas de 23 − 7 = 16 h; cada hora será o número do termo (observação: o número de horas de trabalho, apesar de excessivo, é apenas para esse trabalho temporário e para esse contrato).

Do dia 1º até o dia 31 existem 31 dias e supondo que ela trabalhe direto, o número de horas trabalhadas neste período será de 31 × 16 = 496 h. Considerando o ganho por hora, ela terá acumulado o valor de R$ 75,00 × 496 = R$ 32.700,00. No mês de janeiro, pode repetir a dose e ganhar outra vez este valor.

$a_{10} = a_1 + (10 - 1) \times 75 = 75 + 9 \times 75 = R\$ 750,00$.

6. $a_{11} = a_1 + (11 - 1) \times 150 = 850 + (10) \times 150 = 850 + 1500 = 2.350,00$.

$a_{100} = 850 + (100 - 1) \times 150 = 850 + 99 \times 150 = 15.700,00$.

7. Esta PG possui os seguintes termos: 2, 4, 8, 16, 32... 256.

Temos: $a_1 = 2$

$q = 2$

$a_n = 256$

Precisamos calcular o valor "n", correspondente ao dia que ficou cheio. Usando a fórmula:

$a_n = a_1 \times q^{n-1}$

$256 = 2 \times 2^{n-1}$

$128 = 2^{n-1}$

$2^7 = 2^{n-1}$

$7 = n - 1$

n = 8, ou seja, no oitavo dia, a caixa plástica estava cheia de tubetes de anestésico.

8. O problema pode ser visto como uma PG que possui os seguintes termos: 45, 90, 135...

$a_1 = 45$

$q = 2$

$n = 10$

O valor total até a décima semana será dado pela fórmula:

$$S_n = \frac{a_1 \times (q^n - 1)}{q - 1}$$

$S_{10} = \dfrac{45 \times (2^{10} - 1)}{2 - 1} = 45 \times (1024 - 1) = 45 \times 1023 = R\$\ 46.035,00$

9. 10% de aumento mensal fornece um valor de q = 1,1.

$a_7 = a_1 \times q^n = 80 \times 1,1^7 = 80 \times 1,9487 = 155,9$ dólares.

10. $a_1 = 20$

Se 2002 era o primeiro ano, então 2009 será o ano com n = 7, pois 2009 − 2002 = 7.

q = 1,15 de aumento anual, pois o aumento é de 15%.

Logo, $a_7 = 20 \times 1,15^7 = 20 \times 2,66 = 54$ veículos serão produzidos em 2009.

Capítulo 14

14.1 Estatística

1. Amostragem sistemática.

2. Amostragem de conveniência.

3. Amostragem sistemática.

4. A média é aproximadamente 5,311.

5. A moda é 5,3 s.

6.

4,9   5,2   5,3   5,3   5,3   5,3   5,4   5,5   5,6

↑

A mediana fica no meio dos valores colocados em ordem crescente e vale 5,3.

7. O quadro em seguida apresenta as notas e mais uma coluna para a média ponderada:

Notas de alunos do curso de pós-graduação em Redes de Computadores da faculdade X

Nome do pós-graduando	1ª nota	2ª nota	Média
Aluno 1	9,0	10	9,6
Aluno 2	8,5	9,5	9,1
Aluno 3	10	7	8,2
Aluno 4	7	8	7,6
Aluno 5	8	10	9,2
Aluno 6	10	9	9,4
Aluno 7	9	8	8,4

8. $A = 5,6 - 4,9 = 0,7$.
9. Como ambas possuem a mesma diferença, ou seja, a maior nota é 10 e a menor é 7, a amplitude é a mesma e ambas são iguais.
10. Realizava-se uma amostragem sistemática. O tamanho da população era o lote de 50 peças. O tamanho da amostra era de uma peça.

14.4 Probabilidade

1. A probabilidade é 1/12 ou aproximadamente 8,3%.
2. A probabilidade de o bit ser zero é ½, ou seja, 50%. A probabilidade de o bit seguinte também ser zero é ½, pois o primeiro bit não depende do segundo e vice-versa, ou seja, são eventos independentes. Só existe alguma alteração em casos em que, ocorrendo um primeiro evento, altera-se a probabilidade de ocorrer o segundo evento.
3. A probabilidade de sair o número 7 é nula, é igual a 0%, pois não existe número 7 no dado. Ele só possui faces numeradas de 1 a 6.
4. A probabilidade é de 1/5, ou seja, 20%, pois os eventos são igualmente prováveis.
5. No corte manual por meio de maçarico oxiacetilênico, a porcentagem de produtos na faixa era de aproximadamente 68%. Com a utilização de corte com tesoura mecânica, a porcentagem de produtos na faixa cresceu para aproximadamente 95%. Já no processo futuro com corte a laser, a porcentagem de produtos na faixa subirá para cerca de 99,73%.
6. Pode-se notar que se trata de uma curva normal. Para as curvas normais vale a seguinte regra: média = moda = mediana, ou seja, as três possuem o mesmo valor que é 25 anos.

7. Desvio-padrão para um total de 30 paçocas colocadas na embalagem: 2 g × 30 = 60 g, ou seja, +/– 60 g. Por outro lado, há também a embalagem que possui um desvio de 5 g, logo, juntando o desvio-padrão da mercadoria e também da embalagem, obtemos 60 g + 5 g = 65 g, ou seja, o desvio será de +/– 65 g.

8. Considerando a média 1,76 m e o desvio-padrão de +/– 5 cm, e que se trabalhará com dois sigmas: +/– 10 cm, pode-se concluir que:

    a) a menor altura será de 1,76 – 0,10 = 1,66 m de altura;

    b) a maior altura será de 1,76 + 0,10 = 1,86 m de altura;

    Pela imposição, 100% dos soldados terão entre 1,66 a 1,86 m.

9. Considerando que a área sob a curva normal para um sigma corresponde a cerca de 68%, pode-se observar que o que resta para completar 100% que será a área total sob a curva normal é 100 – 68 = 32%. Como metade está acima de 500 g e a outra metade está abaixo de 300 g, então, a metade de 32 que é 16% receberá abaixo de 300 g e os outros 16% receberão acima de 500 g. A grande maioria, isto é, 68% para esse processo com um sigma, receberá entre 300 a 500 g de comida nos seus pratos.

10. Se num dia vieram 3.000 pessoas, então, a quantidade de pessoas que comeu acima de 500 g é 16% × 3.000 = 480 pessoas.

Capítulo 15

1. $\text{sen}\, 60° = \dfrac{1}{2} = \dfrac{\text{altura no ponto considerado da chapada}}{\text{tamanho da sombra correspondente}}$

    logo, a altura procurada é:

    $\text{altura} = \dfrac{\text{tamanho da sombra correspondente}}{2} = \dfrac{180}{2}$

    ou seja, a altura é de 90 m.

2. $\text{sen}\, x = \dfrac{1,20}{2,4} = 0,5$, como sen 30° = 0,500, então o ângulo considerado é de x = 30°.

3. $\text{sen}\, 15° = 0,25882 = \dfrac{\text{altura do avião}}{\text{distância das cidades}} = \dfrac{\text{altura do avião}}{80}$

    altura do avião = 0,25882 × 80 = 20,7056 km, ou seja, 20.000 m.

4. Quando o avião passa acima, numa linha imaginária perpendicular sobre a cabeça do observador, ele fará um ângulo reto com o observador. Quando o avião estiver a 30°, pode-se aplicar a fórmula do seno:

sen 30° = $\dfrac{\text{cateto oposto}}{10.000}$; logo, o valor do cateto oposto, que é quanto o avião voou, é ½ × 10.000 = cateto oposto. Ou seja, cateto oposto = 5.000 m, isto é, o avião voou 5 km.

5. Sendo um triângulo isósceles, no qual os dois lados são iguais e fora o ângulo de 90°, os outros dois ângulos são iguais a 45°, então o lado X é igual a 5 cm.

6. sen 20° = 0,34202 = $\dfrac{\text{cateto oposto}}{10}$

   cateto oposto = 10 × 0,34202 = 3,42 m.

7. S = 35 × 29 × sen 30° = 35 × 29 × ½ = 203 m^3.

8. S = 5 × 8 × sen 60° = 40 × 0,866 = 34,64 m^2. Como cada m^2 vale R$ 500,00, seu ganho neste serviço será: ganho = 34,64 × 500 = R$ 17.320,00.

9. Vale a lei de Snell: n_{ar} × sen 30° = $n_{diamante}$ × sen X

   1 × ½ = 2,42 × sen X, logo, sen X = 1/4,84 = 0,2066

   Entrando numa tabela de arcos de seno, obtemos o valor aproximado de X = 11,5°. Nota-se que houve uma boa refração.

10. Vale a lei de Snell: n_{ar} × sen 30° = n_{fibra} × sen X

    1 × ½ = 1,50 × sen X, logo, sen X = 1/3,00 = 0,333

    Entrando numa tabela de arcos de seno, obtemos o valor aproximado de X = 19,5°. Nota-se que houve uma boa refração.

Capítulo 16

1. 2,5 km.
2. 6,25 km^2.
3. 56,25 km^2.
4. 20 m.
5. 250 m.
6. 4.000 m ou 4 km.
7. 3.250 m.
8. 2.000 × 5,7 m = 11.400 m, ou 11,4 km.
9. 1 m do desenho está para 50 m reais, logo 8,71 m do desenho correspondem a 8,71 × 50 = 435,5 m de eletrocalha, no mínimo, pois no corte e em sua fixação pode ser necessário algum excesso de segurança.
10. 10.000 × 3,91 = 39.100 m.

Capítulo 17

1. No caso, não temos um triângulo, pois o lado 40 é maior que os lados 20 e 15 cm.

2. Não se trata de um triângulo, pois um dos ângulos é 90° e o outro 123°. Só esses dois ângulos somados passam de 180°. Uma regra básica para os triângulos é que a soma dos ângulos internos sempre dá 180°. Não pode ser maior que 180 nem menor.

3. Trata-se de um triângulo obtusângulo. Um dos ângulos é maior que 90°. Para ter certeza, pode tentar desenhar esse triângulo e tirar suas conclusões.

4. Considerando que para os triângulos equiláteros vale a fórmula:

   $$h = \frac{\ell\sqrt{3}}{2}$$

   e que a raiz de 3 é aproximadamente 1,71, então:

   $$h = \frac{20 \times 1,71}{2} = 17,1 \, m$$

5. Normalmente, a medida de uma tela de aparelho de TV ou monitor de computador é fornecida em polegadas e corresponde à diagonal dessa tela. Como cada polegada possui 2,54 cm, a diagonal (que é a hipotenusa de um triângulo retângulo) da tela terá:

   hipotenusa = 15 × 2,54 = 38,1 cm

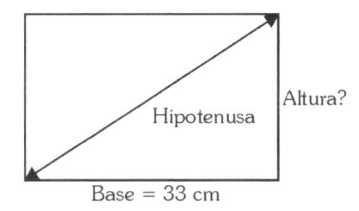

   Utilizando Pitágoras,

   (Hipotenusa)² = (Cateto de um lado)² + (Cateto do outro lado)²

   obtém-se:

   $38,1^2 = 33^2 + altura^2$

   $1451,61 = 1089 + altura^2$

   altura = $\sqrt{1451,61 - 1089}$

   altura = 20 cm aproximadamente.

6. A diagonal da folha A4 pode ser obtida por meio da aplicação do famoso teorema de Pitágoras:

diagonal^2 = lado1^2 + lado2^2

diagonal^2 = 210^2 + 297^2

diagonal^2 = 44.100 + 88.209 = 132.309

diagonal = 373,64 mm

7. O terreno possui a forma de um triângulo isósceles, no qual dois lados são iguais e um terceiro é diferente.

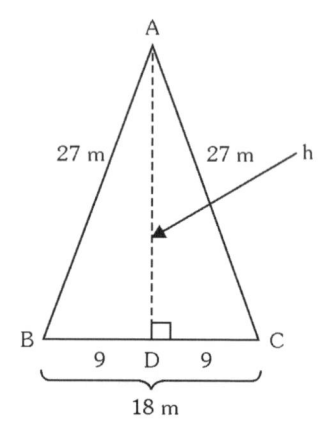

1º) Cálculo da altura para usar na fórmula da área

Dentro do triângulo ABC existem outros dois triângulos iguais e simétricos que são os triângulos ABD e ACD.

Cada um destes é um triângulo retângulo e cuja altura "h" pode ser calculada pelo teorema de Pitágoras da seguinte forma:

Hipotenusa^2 = cateto 1^2 + cateto 2^2

AC^2 = 9^2 + h^2

27^2 = 81 + h^2

729 − 81 = h^2

h^2 = 648

h = 25,46 m

2º) Cálculo da área do terreno

$$A = \frac{B \times h}{2} = \frac{18 \times 25,46}{2} = 229,14 \, m^2$$

8. O apótema de um triângulo isósceles é o raio da circunferência inscrita nele. O raio é dado por:

$$a_3 = \frac{\ell\sqrt{3}}{3}$$

Sendo o lado = 100 m e raiz quadrada de 3 igual a 1,71; logo, o apótema será:

$$a = \frac{100 \times 1,71}{3} = \frac{171}{3} = 50,7\,m$$

Logo, o raio do círculo inscrito é 50,7 m.

9. Sendo o apótema o raio da circunferência inscrita no triângulo equilátero, cujo valor é a metade do diâmetro (30 cm) da pizza, que é o valor do raio 15 cm, e considerando a raiz de 3 como 1,71, então:

$$a_3 = \frac{\ell\sqrt{3}}{3}$$

3 × a = (lado do triângulo) × 1,71

lado do triângulo = $\frac{3 \times 30}{1,71}$ = 52,63 cm de lado da pizza triangular.

10. Este problema será resolvido em três etapas:

a) Cálculo do volume do prisma

O volume de um prisma triangular é fornecido pela fórmula:

V = A_{base} × h

A área da base do triângulo equilátero é calculada por: $A = \frac{\ell^2\sqrt{3}}{4}$.

Logo, considerando que raiz de 3 é 1,71, a área do triângulo da base do prisma será:

$A = \frac{3^2 \times 1,71}{4} = \frac{9 \times 1,71}{4} = 3,8475\,cm^2$, a seguir usa-se a fórmula do volume do prisma triangular: V = 3,8475 × h = 3,8475 × 0,5 = 1,92375 cm³.

b) Cálculo do peso do prisma

Agora é necessário calcular o peso do prisma. Considerando a densidade fornecida, de 19,3 g/cm³, e que o volume em cm³ é de 1,92375, teremos a massa = 19,3 × 1,923375 = 37,128375 g.

c) Cálculo do valor correspondente a cada peça (R$ 92,00/g)

Valor = 92 × 37,128375 = 3.415,81, ou seja, o valor de cada peça é: R$ 3.415,81.

Capítulo 18

1. 15.000 m².
2. O volume é 20 × 20 × 20 = 8.000 cm³.
3. O volume interno do contêiner Insulated é de 59,81 m³.
4. Área no solo ocupada pelo contêiner Bulk = 6,058 m × 2,438 m = 14,77 m².
   Área no solo ocupada pelo contêiner Reefer = 12.192 m × 2,438 m = 29,72 m².
   Diferença de área = 29,72 − 14,77 = 14,95 m².
5. Como serão colocados dois livros na caixa e somando-se 1 mm, de cada lado, o comprimento da caixa será:
   - Comprimento interno da caixa = 0,1 + 15,8 + 0,1 (de 1 livro) + 0,1 + 15,8 + 0,1 (do segundo livro) = 32 cm de comprimento da caixa.
   - Largura interna da caixa = 0,1 + 22,8 + 0,1 = 23 cm.
   - Altura = 2 × 10 = 20 cm.

   O volume interno da caixa será:
   - Volume = 32 × 23 × 20 = 14.720 cm³.
6. O volume pedido é calculado por = 2 × 2 × 1 m³ = 4 m³.
7. Diagonal = 32 × 2,54 = 81,28 cm

   Usando o teorema de Pitágoras:
   - Diagonal² = 39² + largura²
   - Largura² = 81,28² − 39² = 6.606,44 − 1.521 = 5.085,44 cm
   - Largura = 71,31 cm²
8. 1º) Cálculo da quantidade de arame necessário para o perímetro

   Considerando o perímetro do quadrado como sendo:

   Perímetro = 4 × lado = 4 × 5.000 m = 20.000 m.

   Como serão utilizadas cinco carreiras de arame paralelas, devemos multiplicar por 5 e teremos como resultado:

   Quantidade perimetral = 5 × 20.000 = 100.000 m de arame.

   2º) Cálculo da quantidade de arame dividindo ao meio a fazenda

   Essa quantidade é igual a um lado da fazenda, portanto é igual a:

   Quantidade do meio = 5.000 × 5 (fios paralelos) = 25.000 m.

3º) Total de arame farpado a ser adquirido

Total = quantidade perimetral + quantidade do meio = 100.000 + 25.000.

Total = 125.000 m.

4º) Cálculo da quantidade de bolas de arame de 500 m.

Quantidade de bolas de 500 m = total/500 = 125.000/500 = 250 bolas de arame, no mínimo. Dizemos no mínimo, pois pode haver alguma perda por qualquer motivo.

9. a) dimensões externas = 38,57 m^3.

b) dimensões internas = 33,14 m^3.

A diferença é de = 38,57 – 33,14 = 5,43 m^3.

10. Volume = 30 × 30 × 7 = 6.300 m^3.

Peso da água = 6.300 × 1 t/m^3.

Peso da água = 6.300 t.

Capítulo 19

1. 75 cm.

2. A soma pedida é = 540 – 216 = 324°.

3. Note que o giro será de 360/5 = 72°. Esse ângulo é de giro a partir do centro do pentágono, e é diferente do ângulo de 108° que fica entre um segmento e outro, formando os lados internos de um pentágono.

4. Ângulo complementar para 360° = 360 – 108 = 252°.

5. Área total em volta do pentágono = 5 × 20 × 50 m^2.

Valor a ser pago = 5.000 × 20,00 = 100.000,00.

6. Trata-se de um pentágono irregular, isto é, que não possui lados iguais, portanto os ângulos também não são iguais.

7. Área em volta do satélite = 5 × 50 × 170 = 42.500.

Número de células solares = $\dfrac{42.500}{5}$ = 8.500 células.

8. Observe na figura seguinte um pentágono (do heliporto) em que foram colocados um ângulo interno na parte superior e os ângulos internos centrais.

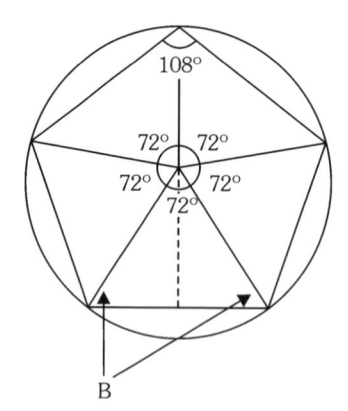

Cada ângulo interno central faz parte de um triângulo isósceles no qual os outros dois ângulos são iguais e na parte inferior da figura denominam-se "B".

Como a soma dos ângulos internos de um triângulo é 180°, então 72° + 2 × B = 180°. Desta forma obtemos o valor de B = 54°.

Considere agora o triângulo:

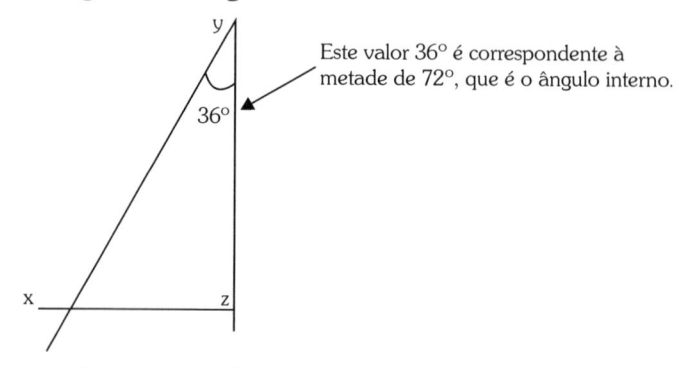

Este valor 36° é correspondente à metade de 72°, que é o ângulo interno.

Considerando o triângulo xyz, sabe-se que o raio da circunferência circunscrita é xy e seu valor é 20 m (dado no problema). Também foi dado que sen 36° = 0,58779.

Usando o seno no triângulo xyz: $\text{sen } 36° = \dfrac{xz}{xy} = \dfrac{xz}{\text{raio}}$.

logo, o comprimento do segmento xz = raio × sen 36° = 20 × 0,58779
xz = 11,7558 ou 11,75 m.

O lado do pentágono será o dobro deste valor, ou seja, lado = 11,75 × 2 = 23,5 m.

9. Os ângulos são 72°, 54° e 54°. Num pentágono temos cinco triângulos iguais com esses ângulos.

10. Área da base (considerando o lado a = 5 cm):

$$A = \frac{5a^2}{4} \cot \frac{\pi}{5}$$

$$A = \frac{5 \times 25}{4} \times 91,2 = 2,850 \, cm^2$$

- altura = 90 cm
- volume = área da base × altura
- volume = 2.850 × 90 = 256.500 cm³, considerando a densidade do aço 7,86 g/cm³, então o peso será:
  peso = 7,86 × 256.500 = 2.016.090 g = 2.016 kg = 2,1 t.

Capítulo 20

1. Como a distância é de 1m ou 100 cm, haverá dez hexágonos em uma linha transversal.
2. Área = 30 × 40 × 6 = 7.200 m².
   A área que deve ser pintada é de 7.200 m².
3. O tamanho do lado do hexágono será igual ao raio da circunferência ou metade do diâmetro, no caso: 2 polegadas/2 = 1 polegada. Dessa forma, o lado procurado é de 1 polegada.

   Observação: Caso não entre no tubo por estar muito justo, pode-se fazer um pequeno desgaste das arestas com lixa.

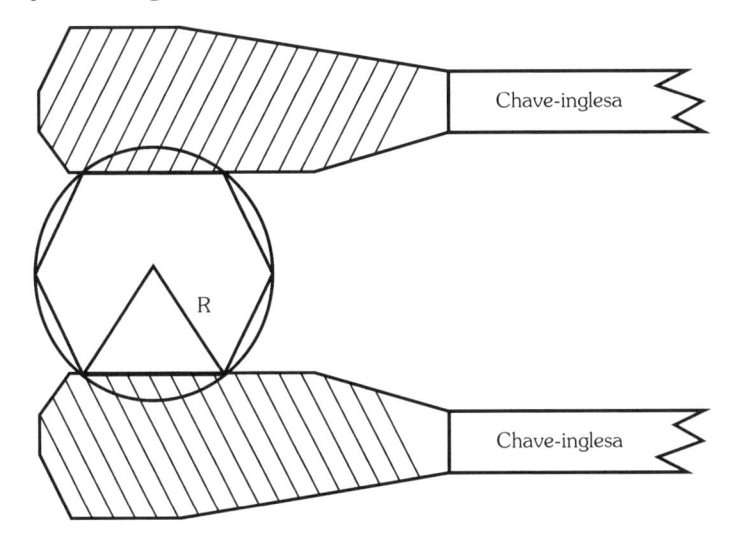

4. $a = \dfrac{\ell\sqrt{3}}{2}$

   $4 = \dfrac{R \times 1{,}71}{2}$; 8 = R × 1,71; logo, o raio é: R = 8/1,71

   R = 4,68 cm.
   Diâmetro = 2 × 4,68 = 9,36 cm, que é o diâmetro da circunferência circunscrita (externa).

5. No caso da circunferência inscrita, o diâmetro será igual a "a", calculado em seguida:

    $$a = \frac{\ell\sqrt{3}}{2}$$

    $$a = \frac{5 \times 1{,}71}{2} = 4{,}275\,\text{cm},\text{ que também é o raio da circunferência inscrita.}$$

    Logo, o diâmetro da circunferência inscrita é 2 × 4,275 = 8,55 cm.

6. O tecnólogo terá de adquirir um vergalhão que possua no mínimo um raio de 3 mm ou diâmetro de 6 mm, daí para cima, por exemplo 7 mm de diâmetro, para ter um pouco de folga no desbaste, isto é, desgaste com ferramentas de abrasão para chegar ao tamanho desejado.

7. Considerando que o silo possua uma área transversal dada pela fórmula seguinte:

    $$A = \frac{6 \times \ell^2 \sqrt{3}}{4}$$

    Então: $A = \dfrac{6 \times 10^2 \times 1{,}71}{4} = \dfrac{6 \times 100 \times 1{,}71}{4} = \dfrac{6 \times 171}{4} = 256{,}5\,\text{m}^2$

    Volume = 15 × 256,5 + 30 = 3.877,5 m³

8. Se cada tubo possui 30 m de comprimento e eles serão juntados num conjunto de seis, formando um hexágono regular, pode-se utilizar a fórmula do apótema, pois este será o raio da circunferência inscrita.

    $$a = \frac{\ell\sqrt{3}}{2} \qquad\qquad a = \frac{30 \times 1{,}71}{2} = 25{,}65\,\text{m}$$

    Logo, o diâmetro será o dobro, ou seja, diâmetro = 51,3 m.

9. Usando a fórmula:

    $$A = \frac{3 \times \ell^2 \sqrt{3}}{2}$$

    A altura é de 5 m. A fórmula usada é a da área. Cada metro de altura do tanque deve armazenar 3.000 litros; logo, três metros armazenarão 9.000 litros e cinco metros caberão 15.000 litros.

    Vamos trabalhar com 1 m de altura e um volume de 3.000 litros = 3 m³ (poderíamos trabalhar, em vez de 1 m e 3.000 litros, com 3 m e 9.000 litros, ou 5 m e 15.000 litros, que seria equivalente).

$$A = 3 = \frac{3 \times \text{lado}^2 \times 1{,}71}{2}$$

3 x 2 = 3 x lado² x 1,71
2 = lado² x 1,71
lado² = 2/1,71 = 1,17
lado = 1,08 m

10. Como cada lado é de 1 cm, ou 0,01 m, a área é dada pela fórmula:

$$A = \frac{6 \times \ell^2 \sqrt{3}}{4}$$

$$A = \frac{6 \times 0{,}01^2 \times 1{,}71}{2} = 0{,}000513$$

Como o comprimento é de 5 m, então o volume será:
- Volume = 0,000513 × 5 = 0,002565 m³.
- Peso de um vergalhão = 0,002565 × 7,85 = 0,02 t, ou 20 kg.

Como o caminhão pode carregar até 8 t, teremos a quantidade de vergalhões:
- Quantidade de vergalhões = 8/0,02 = 400 vergalhões, ou seja, a favor da segurança: 400 vergalhões.

Capítulo 21

1. Área da sessão transversal = $\pi \cdot R^2$ = 3,14 × (2 × 2,54 cm)².
Área da sessão transversal = 81,03 cm².
Como podemos ocupar somente 50% dessa área, então só podemos usar: 40,5 cm².

2. 1.000 cm³ = 1 litro, logo 10 litros possuirão 10.000 cm³.
Área da base = volume/h = 10.000/30 = 333,33 cm².
Sendo a base circular, a área é dada pela fórmula:
Área da sessão transversal = $\pi \cdot R^2$
Logo, 333,33 = 3,14 × R²
R² = 333,33/3,14 = 106,15
R = 10,3cm.

3. Área da base = 3,14 x 1,5² = 7,08 m².
Volume do duto = 7,08 × 7.800 = 55.282,5 m³.

4. Área da base = 3,14 × 2² = 12,56 m².
Volume do duto = 12,56 × 8 = 157,75 m³.

5. Área da sessão transversal = π . R² = 3,14 × 50² = 7.850 cm².
   Volume total do queijo = 7.850 × 30 = 235.500 cm³.
   Como o cliente levou ¼ do volume do queijo:
   Volume levado pelo cliente = 235.500/4 = 58.875 cm³.

6. Como o comprimento da circunferência é:
   C = 2 × π × R, ou então: C = diâmetro × π, então o diâmetro pedido será:
   Diâmetro = C/3,14 = 314/3,14 = 100 cm ou seja, 1 m de diâmetro.

7. raio = 200 mm = 20 cm, comprimento = 1500,00 mm = 150 cm.
   Volume = π × R² × h = 3,14 × 20² × 150 = 188.400 cm³.
   Observe a conversão 1.000 cm³ = 1 litro; logo, o volume em litros é obtido dividindo por 1.000, o volume em cm³, ou seja,
   Volume = 188,4 litros.
   Como são dois tanques, o fornecedor terá de trazer combustível para **dois tanques**, ou seja, 188 × 2 = 376,8 litros, que é a forma como são instalados nos aviões por segurança: se um der problema, o outro continua funcionando até chegar ao aeroporto mais próximo.

8. Considere que o volume da esfera é calculado pela fórmula:

   $$V = \frac{4\pi R^3}{3}$$

   O cálculo é realizado da seguinte forma:

   $$V = \frac{4 \times 3,14 \times 10^3}{3} = \frac{4 \times 3,14 \times 10.000}{3} = 41.866,67 \, m^3$$

9. O tecnólogo deve considerar que o revestimento ocorre na área externa, portanto o raio interno deve ser acrescido de 10 cm, ou seja, será de raio externo = 10,10 m.
   A fórmula para o cálculo da superfície externa da esfera é:
   A = πR²
   Logo, a área procurada é:
   A = 3,14 × 10,10² = 102,1 m².

10. Usando os 25 cabos teremos uma área total de cabos:
    área total transversal ocupada pelos cabos = 364,65 × 32 = 11.668,8 mm².
    Essa área deve ocupar até 50% da área interna do tubo, no máximo. Portanto, a área da seção do tubo será:
    área mínima do tubo ou eletroduto = 2 × 11.668,6 = 23.337,6 mm².

Agora, vamos analisar os tubos existentes no mercado:

a) Se usarmos um tubo de 2" (ou 2 polegadas), teremos uma área interna de:

Conversão de 2" em mm = 2" × 25,4 mm/polegada (fator de conversão) = 50,8 mm.

Área interna do eletroduto de 50,8 mm (ou 2") = π × R² = 3,14 × 50,8² = **21.862,4 mm²**.

Comparando com o valor que precisamos (**23.337,6 mm²**), concluímos que o duto de 2" é pequeno, portanto não serve.

O trabalho de dimensionamento, que é feito em projetos, funciona desta forma: tentaremos o próximo valor acima, que é o tubo de 2,5".

b) Se usarmos um tubo de 2,5", teremos uma área interna de:

Conversão de polegadas em milímetros = 2,5" × 25,4 mm/polegada = 63,5 mm de diâmetro do eletroduto.

Área de secção transversal do eletroduto = 3,14 × 63,5² = **12.661,26 mm²**.

Podemos concluir que 2,5" ainda é pequeno, e não atende ao valor de 23.337,6 mm².

Voltamos a lembrar que os trabalhos de projeto exigem paciência e perseverança para que o projeto fique perfeito. A seguir, testamos com 3".

c) Se usarmos um tubo de 3", teremos uma área interna de:

Conversão de 3" em milímetros = 3" × 25,4 mm/polegada = 76,2 mm

Área interna do tubo de 3 polegadas em mm² = 3,14 × 76,3² = **18.232,22 mm²**. Este valor ainda é pequeno e não atende às especificações. Temos de prosseguir e tentar usar um eletroduto de diâmetro interno maior. Vamos tentar 4"?

d) Se usarmos um tubo de 4", teremos uma área interna de:

Tamanho em milímetros = 4" × 25,4 mm/polegada = 101,6 mm.

Área interna do duto de 4" em mm² = 3,14 × 101,6² = **32.412,83 mm²**. Este valor atende com folga à necessidade de **23.337,6 mm²**, portanto é o valor escolhido dentro das exigências de projeto e raramente dará problemas. Vamos trabalhar com a matemática, apoiando os processos tecnológicos de projetos.

Bibliografia

Aulas de Matemática. Blospot. Disponível em: http://aulasdematem.blogspot.com/2008/06/aplicaes-de-matrizes-e-determinantes.html. Acesso em: 15 set. 2013.

BOGHI, C.; SHITSUKA, R. **Aplicações práticas de microsoft excel 2003/solver – tomada de decisão computacional.** São Paulo: Erica, 2005.

FRANÇA, M. V. D. **A calculadora e os logaritmos**. Especial para a página 3 Pedagogia & Comunicação. Disponível em: http://educacao.uol.com.br/planos-aula/calculadora-logaritmos.jhtm. Acesso em: 16 set. 2013.

GIOVANNI, J. R.; BONJORNO, J. R.; GIOVANNI JR, J.R. **Matemática fundamental:** *uma nova abordagem.* São Paulo: FTD, 2006.

HENRIQUE, C. A. **Logaritmos e terremotos**: *aplicação da escala logarítmica nos abalos sísmicos.* UNIMESP - Centro Universitário Metropolitano de São Paulo, nov. 2006. Disponível em: http://www.cdb.br/prof/arquivos/76295_20080603084510.pdf. Acesso em: 16 set. 2013.

FURUKAWA. **MF-105**. Material didático de treinamento da Furukawa do Brasil. s/d.

MARTINS, L. **A importância de medir**. Website Anthropos Consulting. Disponível em: <http://www.anthropos.com.br/index.php?option=com_content&task=view&id=319&Itemid=53>. Acesso em: 10 set. 2013.

MUROLO, A.; BONETTO, G. **Matemática aplicada à administração, economia, contabilidade.** São Paulo: Thompson, 2004.

NONNENBERG, M. J. B. China: estabilidade e crescimento econômico. **Rev. Econ. Polit.**, São Paulo , v. 30, n. 2, June 2010 . Available from <http://www.scielo.br/scielo.php?script=sci_arttext&pid=S0101-31572010000200002&lng=en&nrm=iso>. access on 16 Sept. 2013. http://dx.doi.org/10.1590/S0101-31572010000200002.

PITON-GONÇALVES, J. **A história da matemática comercial e financeira.** Publicado em agosto de 205. Disponível em: <http://www.somatematica.com.br/historia/matfinanceira.php>. Acesso em: 09 set. 2013.

Só Matemática. Website disponível em: <http://www.somatematica.com.br/emedio/matrizes/matrizes4.php>. Acesso em: 16 set. 2013.

SOARES, R. E. P. **Aplicação dos determinantes em cálculo de áreas geométricas:** uma aplicação matemática em geografia. Disponível em: <http://portaldoprofessor.mec.gov.br/fichaTecnicaAula.html?pagina=espaco%2Fvisualizar_aula&aula=1675&secao=espaco&request_locale=es>. Acesso em: 08 nov. 2013.

UNICAMP-SP, 2004. Prof. Marcelo Renato. **TQD 04:** Matemática 1 - exponenciais - logaritmos. Disponível em: <http://www.marcelorenato.com.br.>. Acesso em: 08 nov. 2013.

UOL. **Filósofo grego Tales de Mileto**. Disponível em: <http://educacao.uol.com.br/biografias/tales-de-mileto.jhtm>. Acesso em: 17 set. 2013.

USA. **Pentagon tours**. Headquarters of the Department of Defense. [cited: sep. 17 2013]. Available from: <http://dc.about.com/od/governmentbuildings/a/Pentagon-Tours.htm>.

Weisstein, E. W. **Sexagesimal**. MathWorld - A Wolfram Web Resource. Disponível: <http://mathworld.wolfram.com/Sexagesimal.html>. Acesso em: 16 set. 2013.

Marcas registradas

Todos os nomes e marcas registradas ou direitos de uso citados neste livro pertencem aos seus respectivos proprietários.

Índice remissivo

A

ABNT, 174
Abscissas, 89
Algébrico, 94
Algoritmo, 138
Amostra, 149, 153-154
Amostragem, 149, 150
    sistemática, 151
Amostral, 156
Amplitude, 154
Analítica, 169
Ângulos, 161
    de triângulos retângulos, 162
Ano, 24
Aplicação, 76
Apótema do
    hexágono, 200
    quadrado, 189
    triângulo, 182
Aquisição, 137
Arcos, 161
Área, 104, 106
    da esfera, 206
    de um triângulo, 181
    do cilindro, 205
    do círculo, 204
    do cubo, 191
    do hexágono, 200
    do paralelepípedo, 191
    do pentágono, 196
    do prisma hexagonal, 201
    do prisma triangular, 183
    do quadrado, 188
    do retângulo, 190
    do setor circular, 204
    lateral do prisma
        pentagonal, 196
    lateral do prisma
        retangular, 192
Armazenar dados, 123

B

Backup, 20
Balística, 94
Barras, 104-105
Base, 40, 97-98, 178
Báskara, 94
Bit, 45

Bolha, 104
Borda, 161

C

Cálculo de
    mediana, 154
    médias, 153
    moda, 154
Capital, 75
Caractere, 46
Cateto, 163, 179
    adjacente, 165
    oposto, 165
Célula, 123-124
Centena, 22
Centímetros, 22, 27-28
Centro, 203, 205
Chipsets, 137
Ciência, 147
Cilindro, 104, 107, 205
Círculo, 161, 203
Circunferência, 161, 173, 203
Classes, 151-152
Coeficiente, 116
Cofatores, 131
Coluna, 104, 105
Comparações lógicas, 42
Computadores, 43
Concavidade, 94
Cone, 104, 107
Congruentes, 178
Conjunto, 21
Construção
    de gráficos, 103
        com ferramentas
        computacionais, 103
    manual de gráficos, 102
Contradomínio, 81-82
Conveniência, 150
Conversão
    da base, 49, 51, 57
    de unidades, 26
Cosseno, 163
Crescente, 89
Cubo, 190
Curtose, 159
Curva normal, 157
    reduzida, 159

D

Dados, 101, 147, 148, 151
Decrescente, 89-90
Derivada, 116, 118
Desenho técnico, 174
Desvio, 157, 158
    padrão, 157, 158
Determinante, 128, 130-131
Dezena, 22
Dia, 24
Diagonal, 129-130, 188-190
    do quadrado, 188
Diagrama, 101
Dimensionar, 20
Dispersão, 104, 108, 147
Dividendo, 39
Divisão, 39
    em classes, 151
Domínio, 81-82

E

Eixos, 85
Elaboração de tabelas, 152
Equação, 86, 90, 94, 116, 135
Equidistantes, 205
Escala de, 174
    conversão, 172
    redução, 174
Escalonamento, 137-138
Esfera, 205
Estatística, 147
    descritiva, 147
Estratificado, 150
Expoente, 40
Exponenciação, 97

F

Fonte, 152-153
Fórmula, 143-145
Funções do, 81-83
    primeiro grau, 89
    segundo grau, 94

G

Gauss, 137, 140
Geometria plana dos
    segmentos, 169
Geométrico, 203
Gráfico, 101-103, 147
    estatísticos, 103
Grama, 23
Grandezas, 19-21
    diretamente proporcionais, 69
    inversamente proporcionais, 70-71
    proporcionais, 67

H

Hexágono, 199
Hipotenusa, 163, 179, 180
Histograma, 147
Horas, 24

I

Imagem, 81
Incógnitas, 141
Informações, 101
Integração por método
    numérico, 119
Integral, 118
Inversa, 127, 131

J

Juros, 75
    compostos, 77
    simples, 76

L

Lado, 187, 189
Lançar, 102
Limite, 113
Linhas, 104, 106
Logaritmo, 97
Logaritmando, 97
Losango, 188
Lucro, 20

M

Máquinas, 44
Matricial, 124, 129
Matriz(es), 123-124, 126
    inversa, 127, 131
Média
    ponderada, 153
    simples, 153

Medição(ões) de, 19, 23
    distância, 22
    peso, 23
    tempo, 24
Medidas de tendência, 153
Memória, 136-137
Mês, 24
Método
    do escalonamento, 137
    numérico, 119
Metro (s), 22, 27-29
Micrograma, 23
Micrômetros, 22
Microssegundos, 24
Mídia, 20
Milhar, 22
Miligrama, 23
Milímetro, 22, 29
Milissegundos, 24
Minutos, 24
Mix, 135
Modelagem, 136
Modelo, 136
Montante, 75
Multiplicação, 36

N

NBR 8196, 174
Negócio, 20
Normas, 152
Número(s), 20-21
    binário, 44
    hexadecimal, 60, 62
    inteiros, 19
    naturais, 20-21
    negativos, 21
    octogonal, 56, 58
    racionais, 21
    reais, 21

O

Octogonal, 55
Operações com números, 31
Ordenadas, 89

P

Parábola, 94-95
Paralelepípedo, 191
Pentágono, 195
    regular, 195

Perímetro, 178, 196, 204
    de uma circunferência, 204
Período, 76
Picograma, 23
Pirâmide, 104, 107
Plana, 169
Plano cartesiano, 85, 118
Polígono, 195
Ponto de
    máximo, 95
    mínimo, 95
População, 149
Porcentagens, 73
Potenciação, 40
Prazo, 75
Prisma
    hexagonal, 201
    pentagonal, 196
    retangular, 192
    triangular, 183
Probabilidade, 156
Produto, 31, 36-37
Progressão
    aritmética, 143
    geométrica, 145
Proporcionalidade, 81, 172
Propriedade das matrizes, 125

Q

Quadrado, 187
Quadrante(s), 86, 162
Quarto, 162
Quilograma, 23
Quilômetros, 22
Quociente, 39

R

Radar, 104, 107
Radiciação, 40-41
Raio do(a), 190, 203
    circunferência, 204
    hexágono, 201
    quadrado, 189
    triângulo, 182
Raiz, 41
    cúbica, 41
    quadrada, 41
Razão, 143, 145, 170
Região
    côncava, 178
    convexa, 178

Regra de três, 67, 69, 71, 204
Relações métricas, 169
Representação, 101
Resto, 39
Reta(s), 170, 171, 177
Retângulo, 190
Revolução, 205
Rosca, 104, 107

S

Sarrus, 129, 141
Segmentos, 104, 106, 169, 170
Segundos, 24
Semelhança de figuras, 169, 173
Semicírculo, 161
Seno, 163
Setores, 104-105
Sistema, 124, 128
    linear, 133, 135, 137, 141
Sólido, 205
Soma, 31
    de número octogonal, 58
    de números binários, 52
    dos elementos, 146
Somatória, 118
Subconjunto, 149
Subtração de número
    binário, 54-55
    hexadecimal, 63
    octogonal, 59
Superfície, 104

T

Tabelas, 101, 123
Tabulação, 123
Tangente, 116, 163, 165
Taxa, 76, 116-117
Teorema de
    Pitágoras, 180
    Tales, 171, 173
Termo, 141-145
Tipos de gráficos, 104
Tonelada, 23
Traçar, 102
Trajetória, 94
Triângulo, 162, 177, 178
    acutângulo, 180
    equilátero, 179, 200
    escaleno, 179
    isósceles, 178
    obtusângulo, 180
    retângulo, 162, 165, 179
Trigonometria, 161

U

Unidades, 22, 23, 25-26

V

Variáveis, 137, 139
    dependentes, 90
    independentes, 90
Velocidade, 116
Volta, 162
Volume do(a)
    esfera, 206
    cubo, 191
    paralelepípedo, 192
    prisma hexagonal, 201
    prisma pentagonal, 196
    prisma triangular, 18

Mercado Financeiro - Programação e Soluções Dinâmicas com Microsoft Office Excel 2010 e VBA

Autor: Marco Antonio Leonel Caetano
Código: 3424 • 288 páginas • Formato: 17,5 x 24,5 cm • ISBN: 978-85-365-0342-4 • EAN: 9788536503424

Ensina, com objetividade, a automação de planilhas em Microsoft Office Excel 2010 usando programação em VBA e aplicações para o mercado financeiro. Destinado a estudantes, operadores de bolsa, profissionais da área e demais interessados em aprender programação com essa poderosa ferramenta.
O aprendizado vai do nível básico ao mais avançado, aborda comandos de iteração, de lógica, UserForm, cenários para bolsa de valores, métodos numéricos, aquisição de dados on-line e algoritmos contemporâneos, como algoritmo genético, transformada de Fourier e programação dinâmica. O diferencial é que os objetivos são voltados para o estudo de programação e não de comandos exclusivos do VBA ou do Excel.

Trabalho de Conclusão de Curso Utilizando o Microsoft Office Word 2010

Autores: André Luiz N. G. Manzano e Maria Isabel N. G. Manzano
Código: 3431 • 200 páginas • Formato: 17 x 24 cm • ISBN: 978-85-365-0343-1 • EAN: 9788536503431

Roteiro completo com as normas atualizadas da ABNT, AACR3, ISBD e IBGE comentadas e ilustradas para a confecção de um trabalho de conclusão dos cursos de graduação ou pós-graduação, utilizando o Microsoft Office Word 2010.
Mistura comandos básicos e avançados ao demonstrar os recursos e as ferramentas do Office, como definição de margens, formatação de parágrafos e alinhamentos, recuos e espaçamentos, criação de estilos, quadros e tabelas, cabeçalhos, rodapés e numeração de páginas, equações e fórmulas, sumário e índices remissivos, confecção de capítulos, títulos e subtítulos, glossário e apêndices, além de envio do trabalho ao orientador para revisão e o seu recebimento.
Traz os elementos básicos para apresentação à banca examinadora com o Microsoft Office PowerPoint 2010.

Metodologia para Preservação de Materiais - Prevenção da Falha Prematura

Autor: Vitório Donato
Código: 3356 • 216 páginas • Formato: 17,5 x 24,5 cm • ISBN: 978-85-365-0335-6 • EAN: 9788536503356

Com linguagem didática o livro apresenta as bases teóricas e práticas para a preservação de peças simples, complexas e dos materiais estocados, orientando o leitor para atuar na prevenção dos impactos da falha prematura nos ativos das empresas. O que há de mais atual para a preservação dos materiais é abordado, com exemplos do mundo real, mostrando como aplicar os produtos mais utilizados no mercado. Para completar, o livro descreve como implantar uma área de preservação e ter acesso a 51 padrões de procedimento, explicando passo a passo como preservar materiais de diversas famílias. Fornece um glossário de termos técnicos e exercícios.

Gestão de Produção

Autor: Renato Nogueirol Lobo
Código: 3004 • 208 páginas • Formato: 17 x 24 cm • ISBN: 978-85-365-0300-4 • EAN: 9788536503004

Este livro traz uma reflexão sobre a importância dos sistemas de gestão de produção, sendo indicado a estudantes e profissionais da área.
Destaca os princípios básicos do controle da qualidade total, controle de processos, tipos de planejamento, qualidade pessoal, os impactos da manutenção produtiva total (MPT), custos de manutenção, sistemas de controle e implementação.
Aborda manutenções corretiva, preventiva e preditiva, o planejamento de ações (5W2H), sistema de gestão, medição de desempenho, gestão de produtividade e vantagem competitiva, ferramentas e estudos de caso, reengenharia e padrões de desempenho. Abrange produtividade industrial, controle da produtividade, análises e mudanças de um layout, controle de medidas e carga de máquinas.

Gestão da Qualidade

Autor: Renato Nogueirol Lobo
Código: 3172 • 192 páginas • Formato: 17 x 24 cm • ISBN: 978-85-365-0317-2 • EAN: 9788536503172

Preparar estudantes, profissionais, especialistas e futuros gerentes para atuarem em gestão de qualidade com condições de enfrentar os mais diversos problemas é o intuito deste livro.
Aborda conceitos básicos, certificação, históricos, sistema de garantia da qualidade, gestão otimizada, auditoria, ciclo PDCA, diagramas de Pareto, de causa e efeito e de dispersão, cartas de controle por variável, histograma e fluxograma. Introduz métodos de análise e solução de problemas, Housekeeping, Kanban, Just-in-Time, Kaisen, FMEA e PPAP. Explica princípios do layout, gerências de custo da qualidade e manuseio da produção, times e equipes, desempenho e liderança, além de sistemas de gestão integrada, MRP (Planejamento da Necessidade de Materiais) e MRP II (Planejamento dos Recursos da Manufatura).

Administração, Recursos Humanos e Segurança do Trabalho

Almoxarifado e Gestão de Estoques
Do recebimento, guarda e expedição à distribuição do estoque

Autor: Bruno Paoleschi
Código: 2540 • 176 páginas • Formato: 17 x 24 cm • ISBN: 978-85-365-0254-0 • EAN: 9788536502540

Voltado aos estudantes, profissionais da área e empresários em geral, seu conteúdo é didático e preocupa-se com a parte operacional. Possui várias planilhas para facilitar o aprendizado e a sua aplicação nas empresas, além de uma série de exercícios práticos. Abrange as etapas de planejamento industrial, PCP, produção, engenharia, marketing, gestão da qualidade, recursos humanos, finanças, vendas, manutenção, movimentação dos materiais, fluxos de produção e transportes, todos integrados em uma cadeia logística para atender bem ao cliente e visando a qualidade dos produtos.

Assistente Administrativo - Edição Revisada

Autor: José Antonio de Mattos Castiglioni
Código: 1243 • 248 páginas • Formato: 17,5 x 24,5 cm • ISBN: 978-85-365-0124-6 • EAN: 9788536501246

Idealizada para orientar alunos de instituições que mantêm cursos técnicos, além de interessados em ampliar seus horizontes, esta obra oferece, de forma clara e objetiva, o instrumental necessário.
Abrange os principais assuntos que norteiam a área administrativa, tais como organização de empresas, contabilidade geral e custos, recursos humanos e departamento de pessoal, administração financeira e tributária, rotinas e organização de escritório, noções de matemática, administração do tempo, fundamentos de logística e telemarketing.
A sexta edição foi revisada e traz alterações no plano de contas de acordo com a Lei nº 11.638, novo enfoque na apuração dos custos de estoques, tornando mais fácil e prática a compreensão, bem como inclusão do empreendedor individual na forma jurídica e nos recolhimentos, modificações na apuração e recolhimento do IPI.

Logística Industrial Integrada
Do Planejamento, Produção, Custo e Qualidade à Satisfação do Cliente

Autor: Bruno Paoleschi
Código: 1970 • 264 páginas • Formato: 17,5 x 24,5 cm • ISBN: 978-85-365-0197-0 • EAN: 9788536501970

A logística industrial integrada influencia todas as áreas da empresa que fornecem suporte à produção, agrega valor de forma direta ou indireta aos produtos finais e assim atende satisfatoriamente ao cliente.
Este livro abrange as etapas de planejamento industrial, PCP, produção, engenharia, marketing, gestão da qualidade, recursos humanos, finanças, vendas, manutenção, movimentação dos materiais, fluxos de produção e transportes, todos integrados em uma cadeia logística para atender ao cliente, visando a qualidade dos produtos, a satisfação, bem como agregar valor aos negócios.
Voltado aos estudantes, profissionais da área e empresários em geral, seu conteúdo é didático, traz várias planilhas para facilitar o aprendizado e a sua aplicação nas empresas, além de uma série de exercícios práticos.

Treinamento e Desenvolvimento - Educação Corporativa
Para as Áreas de Saúde, Segurança do Trabalho e Recursos Humanos

Autora: Márcia Vilma G. Moraes
Código: 3837 • 112 páginas • Formato: 17 x 24 cm • ISBN: 978-85-365-0383-7 • EAN: 9788536503837

Esta obra traz orientações objetivas para a realização de um treinamento eficaz. Explica os aspectos de uma boa comunicação, a importância de um vocabulário correto, da voz, da expressão corporal, de saber empregar os recursos para uma boa apresentação e ter atitudes diante da plateia para mantê-la atenta às orientações.
Aborda aprendizagem organizacional, escalas de avaliação, alfabetismo funcional e gestão do conhecimento. Trata dos métodos vivenciais de treinamento com exemplos de dinâmicas de grupo, temas para Diálogo Diário de Segurança (DDS) e peça de teatro.
Material indispensável aos estudantes e profissionais das áreas de saúde ocupacional, segurança do trabalho e recursos humanos.

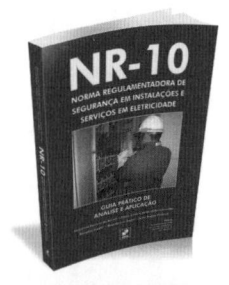

NR-10 - Guia Prático de Análise e Aplicação

Autores: Benjamim Ferreira de Barros, Elaine Cristina de Almeida Guimarães, Reinaldo Borelli, Ricardo Luis Gedra, Sonia Regina Pinheiro
Código: 2748 • 208 páginas • Formato: 17 x 24 cm • ISBN: 978-85-365-0274-8 • EAN: 9788536502748

A prevenção dos acidentes de trabalho é o objetivo da Norma Regulamentadora 10 (NR-10), garantindo a segurança e a saúde dos trabalhadores que atuem direta ou indiretamente em instalações elétricas e serviços com eletricidade.
As determinações da NR-10 são expostas neste livro de maneira clara e didática, cujos assuntos são organizados em sequência lógica para facilitar o estudo, considerando a forma de planejamento e execução de qualquer serviço em instalação elétrica.
Destaca temas fundamentais como choque e arco elétricos, análise de riscos, procedimentos de trabalho, equipamentos de proteção, documentação necessária, processo de energização e desenergização, técnicas de combate a incêndio, primeiros socorros e riscos elétricos.

Administração, Recursos Humanos e Segurança do Trabalho

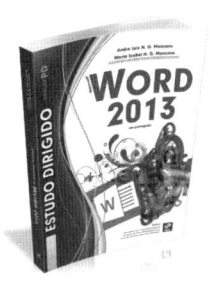

Estudo Dirigido de Microsoft Word 2013

Autores: André Luiz N. G. Manzano e Maria Izabel N. G. Manzano
Código: 4568 • 160 páginas • Formato: 17 x 24 cm • ISBN 978-85-365-0456-8 • EAN 9788536504568

As principais ferramentas do Word 2013 para criação de documentos criativos e sofisticados compõem este livro. Com diversos exercícios, ensina como inserir e remover textos, movimentar o cursor, editar documentos, acentuar palavras, fazer a correção ortográfica, usar a área de transferência, salvar arquivos e imprimi-los.
Também explora a formatação de documentos, alinhamentos, recuos de parágrafo, marcadores, tabulação, cabeçalho, rodapé e numeração de páginas, inserção de tabelas e gráficos.
Descreve como elaborar um jornal e, ainda, abrange mala direta, uso de textos automáticos e etiquetas, mesclagem de documentos e impressão. Indica como sanar dúvidas sobre o programa, usar atalhos para executar comandos, personalizar a barra de status, revisar o texto e muito mais.

Estudo Dirigido de Microsoft Excel 2013

Autor: André Luiz N. G. Manzano
Código: 449A • 208 páginas • Formato: 17 x 24 cm • ISBN: 978-85-365-0449-0 • EAN: 9788536504490

O livro apresenta os principais recursos do Excel 2013, com abordagem simples e dinâmica. Estudantes e profissionais da área podem se beneficiar de explicações didáticas, exemplos práticos, descritos passo a passo, e exercícios, para reforçar o aprendizado. Introduz a nova interface do aplicativo, incluindo grupos, comandos e guias. Ensina a criar e formatar planilhas, inserir fórmulas, trabalhar com funções matemáticas, operar com bases de dados, criar gráficos, imprimir relatórios e usar comandos de congelamento. Trata do bloqueio de edição e da criação de senhas para planilhas. Apresenta planilhas de consolidação e traz dicas sobre personalização e teclas de atalho.

Estudo Dirigido de Microsoft Excel 2013 - Avançado

Autores: José Augusto N. G. Manzano e André Luiz N. G. Manzano
Código: 4506 • 288 páginas • Formato: 17 x 24 cm • ISBN: 978-85-365-0450-6 • EAN: 9788536504506

O livro destaca os recursos avançados do Excel 2013, sendo direcionado para estudantes e profissionais da área. Em dez capítulos, apresenta, demonstra e revisa funções de cálculos; abrange a criação e a análise de bases de dados; compreende o uso de tabelas e gráficos dinâmicos. Oferece exemplos de folhas de pagamento, cadastros de alunos, planejamento financeiro e tabelas de vendas. Descreve a utilização de macros e recursos relacionados às atividades de programação, incluindo tipos de macro e sua execução, cadastros para armazenamento de dados, macros interativas e técnicas para a personalização de campos. Oferece, também, exemplos e exercícios.

Integração de Dados com PowerPivot e Microsoft Excel 2010

Autor: Newton Roberto Nunes da Silva
Código: 4254 • 192 páginas • Formato: 17 x 24 cm • ISBN: 978-85-365-0425-4 • EAN: 9788536504254

Fornece explicações passo a passo sobre o PowerPivot para Excel 2010, com exercícios e exemplos para auxiliar estudantes e profissionais da área. Explica a instalação do programa e procedimentos para importar dados, formatar colunas, vincular dados do Excel e atualizá-los no PowerPivot. Aborda relacionamentos, Expressões de Análise de Dados (Data Analysis Expressions), segmentações, relatórios de tabela e gráfico dinâmico, além do uso de funções DAX para criar medidas específicas para relatórios dinâmicos. Concluindo, abrange a formatação final do relatório no PowerPivot, deixando-o com um aspecto mais profissional e com características de painel de controle, que consolida dados e exibe-os de forma inteligível.

Guia Prático de Informática - Terminologia, Microsoft Windows 7 (Internet e Segurança), Microsoft Office Word 2010, Microsoft Office Excel 2010, Microsoft Office PowerPoint 2010 e Microsoft Office Access 2010

Autor: José Augusto N. G. Manzano
Código: 3349 • 376 páginas • Formato: 20,5 x 27,5 cm • ISBN: 978-85-365-0334-9 • EAN: 9788536503349

Esta obra apresenta os conceitos essenciais de informática para o dia a dia, principalmente para leitores nos primeiros estágios de aprendizagem. Mostra a terminologia da área, como computadores, sistemas operacionais, programas aplicativos e periféricos, bem como os recursos do Microsoft Windows 7, Internet e princípios de segurança. Abrange as principais ferramentas do Microsoft Office 2010: Word (processador de textos), Excel (planilha eletrônica), PowerPoint (gerenciador de apresentações) e Access (gerenciador de banco de dados).

Office & Processamento de Dados

Estudo Dirigido de Microsoft Office PowerPoint 2010

Autor: André Luiz N. G. Manzano
Código: 2960 • 192 páginas • Formato: 17 x 24 cm • ISBN: 978-85-365-0296-0 • EAN: 9788536502960

A versão 2010 do PowerPoint proporciona mais criatividade e produtividade aos trabalhos desenvolvidos com essa ferramenta.
O livro apresenta de forma didática e objetiva as técnicas de oratória, conceitos de apresentação, etapas para criação de slides, formatação, alinhamentos, gráficos, aplicação de design e cores, padrões, indicação dos meios para obter ajuda, atalhos.
O conteúdo programático é útil a alunos e professores de instituições de ensino e também a profissionais da área.

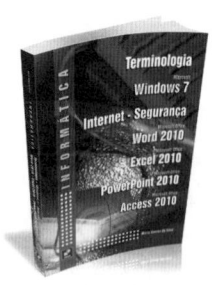

Informática - Terminologia - Microsoft Windows 7 - Internet - Segurança - Microsoft Office Word 2010 - Microsoft Office Excel 2010 - Microsoft Office PowerPoint 2010 - Microsoft Office Access 2010

Autor: Mário Gomes da Silva
Código: 3103 • 360 páginas • Formato: 17,5 x 24,5 cm • ISBN: 978-85-365-0310-3 • EAN: 9788536503103

Embasamento fundamental sobre o uso do computador com Windows 7 e o conjunto de aplicativos Office 2010 é encontrado nesta obra.
Apresenta a história do computador, unidades de armazenamento, periféricos, funcionalidades e tarefas básicas do Windows 7, conexão com Internet, navegação, e-mails e ferramentas de segurança. Destaca os principais recursos do Word 2010 para criação e formatação de textos, ortografia, impressão e revisão, rodapés e tabelas. Explora a criação de planilhas com Excel 2010, navegação, edição e manipulação de arquivos, operações básicas, cópias e formatação de dados, fórmulas, funções e gráficos.
Com o PowerPoint 2010 ensina como criar apresentações, estruturar tópicos, usar formas, animações, transição de slides e impressão. Mostra como criar banco de dados com Access 2010, terminologias, edição de tabelas, digitação de dados, consultas, formulários e relatórios. Traz uma série de exercícios de fixação que objetivam aprimorar o conhecimento transmitido na obra.

Informática - Conceitos e Aplicações

Autores: Marcelo Marçula e Pio Armando Benini Filho
Código: 0530 • 408 páginas • Formato: 17,5 x 24,5 cm • ISBN: 978-85-365-0053-9 • EAN: 9788536500539

Este livro é indicado como material de apoio aos cursos de Informática e disciplinas afins dos demais cursos. Pode ser utilizado por professores (como uma diretriz básica para a disciplina), alunos (fonte de pesquisa para os principais conceitos) e profissionais de todas as áreas, que necessitem adquirir conhecimentos sobre informática.
Aborda conceitos básicos de informática, características dos componentes que formam o hardware, definição e classificação dos softwares, redes, arquiteturas, infraestrutura e serviços de Internet, segurança de dados, autenticação, criptografia, antivírus e firewall.

Informática Fundamental - Introdução ao Processamento de Dados

Autor: William Pereira Alves
Código: 2724 • 224 páginas • Formato: 17,5 x 24,5 cm • ISBN: 978-85-365-0272-4 • EAN: 9788536502724

Muitas pessoas utilizam computadores no dia a dia sem ter a menor ideia de como eles e seus diversos componentes e periféricos trabalham. Pensando neste aspecto, o livro apresenta conceitos e fundamentos de um sistema computacional, explicando como funcionam monitores, impressoras, escâneres, leitores de CD/DVD etc.
Aborda os circuitos lógicos existentes em todos os processadores, como portas AND, OR e XOR, e estuda as bases numéricas e os tipos de memória mais utilizados em computação.
Divide-se em três partes, sendo a primeira referente à arquitetura dos computadores, a segunda sobre os periféricos e a terceira relacionada ao sistema operacional e softwares mais comuns.
Os capítulos possuem diversas questões para fixação do aprendizado.

Estudo Dirigido de Informática Básica

Autores: André Luiz N. G. Manzano e Maria Izabel N. G. Manzano
Código: 1284 • 256 páginas • Formato: 17 x 24 cm • ISBN: 978-85-365-0128-4 • EAN: 9788536501284

A sétima edição do livro foi revisada e ampliada, pois há grande preocupação de trazer informações mais atualizadas frente às novas tecnologias, além de muitas novidades.
A obra manteve sua estrutura original no que tange à história e sua cronologia, preservando a linguagem simples e acessível aos novos usuários da informática. Apresenta informações riquíssimas sobre novos recursos computacionais, como, por exemplo, as tecnologias Bluetooth e Wireless, possibilidades novas dentre muitos recursos oferecidos, além de contemplar um assunto muito importante, a segurança de dados, seja em uma simples página web ou em um inocente bate-papo em salas de chat ou, ainda, em mensagens instantâneas.

Office & Processamento de Dados

Crie, Anime e Publique Seu Site Utilizando Fireworks CS6, Flash CS6 e Dreamweaver CS6 - em português - para Windows

Autor: William Pereira Alves
Código: 4209 • 360 páginas • **Formato:** 17,5 x 24,5 cm • **ISBN:** 978-85-365-0420-9 • **EAN:** 9788536504209

Bastante didático, traz os conhecimentos essenciais ao desenvolvimento de sites com Fireworks, Flash e Dreamweaver na versão CS6, rodando em Windows, com destaque para criação de ilustrações e botões, edição de imagens, geração de animações, uso de armaduras em animações, divisão de página com tabelas e molduras, elaboração de sites estáticos e dinâmicos que acessam banco de dados.
Apresenta ainda conceitos de rede e ondas, protocolos de comunicação e Internet; introdução às linguagens HTML5 (incluindo as novidades da versão) e JavaScript; fundamentos de Apache 2.2, MySQL 5.5 e PHP 5.3.
Possui uma série de exercícios para fixação do aprendizado, além de contemplar um pequeno projeto de site para imobiliária, aplicando o conteúdo estudado, com o uso de recursos do Dreamweaver CS6 para acesso a banco de dados MySQL 5.5 com a linguagem PHP 5.3.

Crie, Anime e Publique Seu Site Utilizando Fireworks CS5, Flash CS5 e Dreamweaver CS5 - em Português - para Windows

Autor: William Pereira Alves
Código: 2984 • 352 páginas • **Formato:** 17,5 x 24,5 cm • **ISBN:** 978-85-365-0298-4 • **EAN:** 9788536502984

Didática e objetiva, esta obra traz os conhecimentos fundamentais ao desenvolvimento de sites com a utilização do Fireworks, Flash e Dreamweaver, versão CS5 em português para plataforma Windows.
Explica passo a passo a criação de ilustrações, edição e tratamento de imagens, animações, sites estáticos e dinâmicos.
Introduz conceitos de rede, a linguagem HTML, fundamentos de Apache 2.2, MySQL 5.1 e PHP 5.3, divisão da página com tabelas e molduras, uso de folhas de estilo e acesso a banco de dados com recursos nativos do Dreamweaver CS5.
Apresenta uma série de exercícios para fixar os temas estudados e um projeto de site para uma escola.

Web Total - Desenvolva Sites com Tecnologias de Uso Livre - Prático & Avançado

Autor: Evandro Carlos Teruel
Código: 2328 • 336 páginas • **Formato:** 17,5 x 24,5 cm • **ISBN:** 978-85-365-0232-8 • **EAN:** 9788536502328

Prático e didático, o livro apresenta um conjunto de tecnologias de uso livre que permite desenvolver desde sites simples até sites dinâmicos complexos com acesso a banco de dados. As principais tecnologias abordadas são XML, DOM, XSLT, CSS, XHTML, JSTL, MySQL, NetBeans, Tomcat, JSP, servlets, JSTL, AJAX e Struts.
Cada capítulo é estruturado com a descrição das tecnologias relacionadas, conceitos teóricos, exemplos explicados passo a passo, resumo e uma lista de exercícios.
Destina-se a professores, alunos dos ensinos técnico e universitário, autodidatas e profissionais que atuam na área de desenvolvimento web.

Aplicações Web com a Biblioteca EXT JS 2.2.1 - Integração entre PHP 5.2.6 e MySQL 5

Autor: Nestor Fiúza
Código: 2779 • 288 páginas • **Formato:** 17 x 24 cm • **ISBN:** 978-85-365-0277-9 • **EAN:** 9788536502779

Este é um dos primeiros livros nacionais sobre a biblioteca JavaScript Ext JS 2.2.1. Aborda desde a instalação das ferramentas necessárias para trabalhar com a biblioteca até o desenvolvimento de formulários, validações de dados, árvore dinâmica (Tree-Panel), grid, caixas de diálogo, guias com conteúdo dinâmico, tipos de layout e outros componentes, explicando como usá-los. O grande diferencial é que, além da construção de layouts, ensina como fazer a integração da Ext JS 2.2.1 com o banco de dados.
Os exemplos são práticos, progredindo dos mais simples aos mais complexos, passo a passo, acompanhados de várias dicas.
É importante conhecimentos básicos de programação em linguagem JavaScript, DOM (Document Object Model) e CSS (Cascading Style Sheets), PHP 5, MySQL 5 e SQL (Structured Query Language).

PHP 5 - Conceitos, Programação e Integração com Banco de Dados - Edição Revisada e Atualizada para a Versão 5.3

Autor: Walace Soares
Código: 031X • 528 páginas • **Formato:** 17,5 x 24,5 cm • **ISBN:** 978-85-365-0031-7 • **EAN:** 9788536500317

Desde os conceitos básicos da linguagem e o processo de instalação até os recursos avançados são explicados na obra com uma linguagem didática e exemplos.
Aborda os tipos disponibilizados no PHP, constantes, variáveis, tipos de operadores, estruturas de controle, formulários web, array, funções, classes, manipulação de imagens de vários formatos e de strings, manipulação de erros, as principais mudanças da orientação a objetos no PHP, envio de e-mails, interação com XML, MySQL, PostgreSQL e HTML.
Apresenta dois estudos de caso, sendo um para cadastro e autenticação de usuários e outro sobre criação de menus dinâmicos, permitindo a total flexibilidade do site.
A sexta edição foi revisada e atualizada para a versão 5.3 do PHP, incluindo namespaces e funções anônimas, além de várias outras implementações que tornam essa linguagem mais adequada para a programação de sistemas web em pequena ou grande escala.

Internet

Faça um Site - **PHP 5.2 com MySQL 5.0 - Comércio Eletrônico** - Orientado por Projeto - para Windows

Autor: Carlos A. J. Oliviero
Código: 2687 • 416 páginas • Formato: 17,5 x 24,5 cm • ISBN: 978-85-365-0268-7 • EAN: 9788536502687

Ideal para os iniciantes, este livro ensina os fundamentos das linguagens PHP 5.2 e SQL (padrão ANSI/89) com banco de dados MySQL 5.0 pelo método orientado por projeto, ou seja, ao terminar o estudo, o leitor terá criado um site dinâmico de comércio eletrônico. Os tópicos são abordados em etapas progressivas de fácil assimilação e exercícios de laboratório com os quais o usuário constrói suas páginas dinâmicas e absorve os conceitos básicos, como preparação do computador para trabalhar com o Apache 2.2, PHP 5.2 e MySQL 5.0; variáveis, constantes e tipo de dados; controle do fluxo de um programa; vetores; formulários; funções; conexão com MySQL 5.0; linguagem SQL ANSI/89 (pesquisa, inclusão, alteração e exclusão de registros); desenvolvimento do site de comércio eletrônico para uma loja de miniaturas de veículos; elaboração da área administrativa do site de acesso restrito; teoria de código de barras; criação e geração do boleto bancário etc.
Sua interação com a Internet permite navegar pelo site que será construído e baixar o kit de trabalho com o material necessário para a execução do projeto.

Crie um Sistema Web com PHP 5 e AJAX - Controle de Estoque

Autor: Walace Soares
Código: 2403 • 320 páginas • Formato: 17,5 x 24,5 cm • ISBN: 978-85-365-0240-3 • EAN: 9788536502403

O controle de estoque é um processo fundamental em qualquer empresa que lide com produção e venda de produtos. A proposta do livro é construir um sistema de controle de estoque voltado para o ambiente web e apoiado por um framework de desenvolvimento. Fornece noções básicas do framework fw.PHP e implementa as funcionalidades necessárias, conceituação do sistema e do banco de dados, a construção dos módulos de cadastro, movimentação e estorno de estoque e relatórios de apoio, além de um módulo de inventário. O sistema proposto é desenvolvido com PHP 5, javascript e AJAX, orientado a objetos.
É importante ter conhecimentos de lógica de programação e programação orientada a objetos (OOP), banco de dados (preferencialmente PostgreSQL ou MySQL), PHP 5 e desenvolvimento de classes. Outro ponto importante é saber javascript e AJAX, além de conhecimentos básicos de HTML e folhas de estilo (CSS).

Guia de Orientação e Desenvolvimento de Sites - HTML, XHTML, CSS e JavaScript/JScript - Edição Revisada e Atualizada

Autores: José Augusto N. G. Manzano e Suely Alves de Toledo
Código: 1901 • 384 páginas • Formato: 17,5 x 24,5 cm • ISBN: 978-85-365-0190-1 • EAN: 9788536501901

Ao estudante que deseja aprender a desenvolver códigos HTML, XHTML, CSS e JavaScript (JScript) para a Internet, este livro traz importantes instruções para alcançar este objetivo.
De forma didática apresenta informações relacionadas com a Internet e com o processo de comunicação, planejamento de sites, estrutura de escrita do código em linguagem de marcação de hipertextos, uso de imagens, tabelas, formulários, folhas de estilo, pontos de ligação, recursos dinâmicos com linguagens de script (sequência, decisões, laços, matrizes, funções), uso de cores, além de exercícios de fixação.
A segunda edição foi revisada e atualizada com alguns ajustes e complementos. A forma de centralização das tabelas foi alterada para o padrão HTML 4.01, além de incluir uma breve descrição do padrão HTML 5.

Faça um Site - **Comércio Eletrônico com ASP+HTML** - Orientado por Projeto

Autor: Carlos A. J. Oliviero
Código: 7848 • 288 páginas • Formato: 17 x 24 cm • ISBN: 978-85-7194-784-9 • EAN: 9788571947849

Ideal para quem quer construir uma loja de comércio eletrônico (e-commerce) utilizando ASP e HTML. O método orientado por projeto permite compreender os assuntos em pequenas etapas progressivas de fácil assimilação e exercícios de laboratório com os quais se constrói o projeto de e-commerce proposto. Ao terminar o livro, o leitor terá completado um site de comércio eletrônico para uma editora que vende livros pela Internet.
O livro está dividido em duas partes. A primeira aborda conceitos de banco de dados, instruções SQL (Select, Insert, Update e Delete), variáveis públicas e privadas (Global.asa) e as instruções em ASP envolvidas no processo. A segunda parte é dedicada ao desenvolvimento de um projeto completo de comércio eletrônico de uma editora. Para ter melhor proveito do conteúdo, é aconselhável ter conhecimentos prévios de HTML e ASP.

Internet - Guia de Orientação

Autores: André Luiz N. G. Manzano e Maria Izabel N. G. Manzano
Código: 2649 • 128 páginas • Formato: 17 x 24 cm • ISBN: 978-85-365-0264-9 • EAN: 9788536502649

Trata-se de um guia de orientação que auxilia a navegar na Internet de maneira rápida e segura, aproveitando os principais recursos dessa ferramenta, indispensáveis nos dias atuais.
Interativo e prático, apresenta conceitos de Internet, requisitos de equipamento, protocolos, FTP, HD virtual, compactação de arquivos, download e upload, messengers e salas de bate-papo, programas de e-mails, provedores, sites de pesquisa e entretenimento. Aborda segurança de dados, tipos de ameaças, navegação com Internet Explorer 8, portais, cópia de textos e imagens e informações dos direitos autorais para uso de músicas e produções intelectuais.